日本人傭兵の危険でおかしい戦場暮らし：戦地に蔓延る戦慄の修羅場編
日本人傭兵の危険でおかしい戦場暮らし：戦時中の軍隊の真実編
任性出
我當傭兵的日子與戰爭實況
下
U0141454
西川拓◎漫畫
林巍翰◎譯
參與阿富汗實戰、緬甸克倫族解放戰線，
傭兵資歷20年
高部正樹◎原案
真正要命的工作，為什麼我想做？
怎麼活著領到薪水、回家？

目次

我當傭兵的日子與戰爭實況（上）

第二部　這才是戰爭的真相

我當傭兵的日子與戰爭實況（下）

第四部 軍中的真實樣貌 361

高部正樹的傭兵生涯年表

1964年	出生於日本愛知縣。 夢想是當戰鬥機飛行員或成為陸軍士兵。
1983年	高中畢業。 以航空學生的身分進入航空自衛隊。
1985年	從航空學生教育隊畢業。 成為飛行幹部候補生，開始接受飛行訓練。
1986年	因訓練中受傷而從航空自衛隊除役。
1988年	隻身前往當時被蘇聯侵略的阿富汗，加入反共武裝勢力。
1990年	離開阿富汗前往緬甸，加入克倫族解放戰線。 隸屬於第101特殊大隊（主戰場：旺卡營地）、GHQ Special Demolition Unit（直屬於總司令部的特殊破壞工作部隊，專門從事破壞工作的特殊部隊〔主戰場：克倫邦〕）。
1994年	轉戰前南斯拉夫。 以克羅埃西亞武裝勢力（HVO）的成員身分，參加波士尼亞內戰。 隸屬於第1防衛旅團（傭兵部隊，代號「大大象」，主戰場：波士尼亞與赫塞哥維納中南部）
1995年	回到緬甸，再次加入克倫族解放戰線。 曾隸屬第4旅團（主戰場：克倫邦南部）、第5旅團（主戰場：克倫邦北部）、第6旅團（主戰場：克倫邦中南部）、第7旅團（主戰場：克倫邦中北部）和CHQ（主戰場：克倫邦全境）。
2007年	結束傭兵生活回到日本， 以記者和軍事評論家身分活動。

波士尼亞的武器訓練。我正在拆解組裝中國製的67式通用機槍。

我和聖戰者在位於巴基斯坦和阿富汗邊境的軍事據點賈吉拍照。

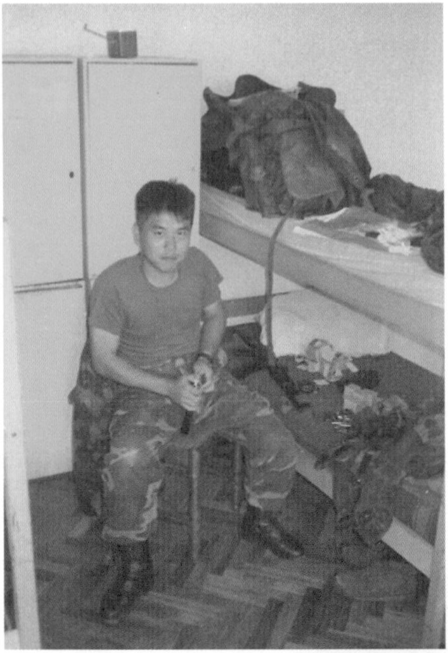

這裡是波士尼亞查普利納基地的軍營。因為隔天要作戰，所以我把子彈裝進彈匣裡。

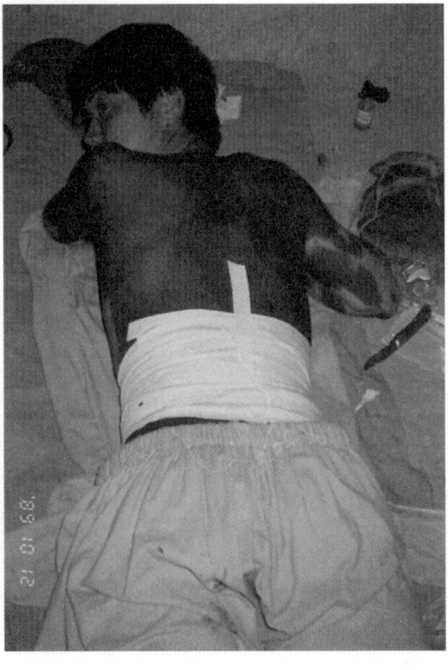

我在阿富汗的坦吉山谷（Tangi Valley），受到世界最強直升機 Mi-24 攻擊而負傷（見上冊第 55 頁）。

只要進入到叢林深處的村莊，我都會帶文具給當地的學校。
第一部第一章裡，提到送給我餅乾的女孩，就住在這裡。

從前線撤退後，我們一定會吃冰淇淋聖代，撫慰身心。

我與克倫軍第 101 特殊大隊的分隊朋友們，最右邊是當時的大隊長。

與日本義勇兵的合影。右邊那位義勇軍不幸戰死，中間那位夥伴因派不上用場，所以很快被趕回去。

途中遇到 UNPROFOR（聯合國保護部隊）。

由前南斯拉夫所製造的 M79 90 毫米反戰車火箭筒。這是我在波士尼亞部隊裡，擁有的最強武器。

我與法國戰友合影。

我在波士尼亞南部的山地進行訓練。

正在等卡車，準備往前線作戰（右邊是瑞典戰友，中間的是法國戰友）。

正在進行 M79 反戰車火箭筒（M79OSA）訓練。

我們在前線、已經沒有人居住的民宅裡休息。

火箭彈發射器上寫著
BORN TO KILL FUCK
THEM ALL（為了殺死那
些混帳而生）。

推薦序一

傭兵生活，時而痛快淋漓，時而如履薄冰

法國外籍兵團／許逢儒

我曾在法國外籍兵團服役，很榮幸受邀為《我當傭兵的日子與戰爭實況》寫推薦序。

本書主角高部正樹，是一位賭上性命、在異鄉戰場生活二十年的日本傭兵。透過漫畫，高部分享了他所經歷的種種，也披露了我們從未經歷過，甚至無法想像的傭兵生活。書中用圖畫及簡單的言語，呈現那些危險又真實的故事。

世界上不斷發生大大小小的戰鬥，即便現在，也有地區仍處在戰火之中。而在

戰地——最殘酷無情的環境裡，只能把生命交給命運。

然而，卻有一群人，他們離鄉背井，帶著不同的原因，可能為了錢或逃離自己的生長環境，而到他國拋頭顱灑熱血。這些人就是所謂的傭兵。作者以身歷戰場的傭兵角度出發，告訴讀者，這些人究竟是為何走向戰場，又為何而戰？

傭兵賺的錢沒有想像中那麼多，但怎麼能只用錢來衡量生命的價值？他們過著冒險般的軍事生活，在極端的環境中戰鬥，時而痛快淋漓，時而如履薄冰，常常有意想不到的事情發生，以及在這種氛圍下養成的處事態度，雖然是真實且殘酷的經歷，漫畫家西川卻能用詼諧的手法來呈現。

自娛娛人，戎馬一生，什麼都經歷過，什麼都嚐過，吃肉、喝酒、睡覺，抑或戰鬥、開槍、開砲。殘酷極端的環境下，人們相處卻出奇的友好，大家樂於社交，不是個人英雄主義，而是要**依靠身邊的同伴**，不然很可能被暗算、背後搞小動作、捅你一刀。在戰場上，大家過著朝不保夕的生活，所以才要更享受人生，不要自找不快，畢竟你不知道到底誰會在緊要關頭救你一命。

本書兼具娛樂性與深刻情感，痛快又爽朗，裡面都是高部的親身經歷，用漫畫的手法呈現真實的戰地日記。

我喜歡軍事題材，看到這本漫畫除了感到新奇，也很有共鳴，感謝高部願意分享這段特殊的經歷。

最後當他們結束戰鬥，終於回到家鄉，卻發現自己的心已經無法離開戰場了，軍人或許不會死在戰場，**但是離開戰場後的生活，對他們或許更加艱難**。軍隊是一場圍城，外面的人想進去，裡面的人想出來，很多的人卻都無法脫逃。

當我們身處在和平國度，跟家人抱怨、因小事跟女朋友吵架、感覺遇到什麼過不去的難關時，或許可以找個安靜的角落，喝杯啤酒，並翻開此漫畫看看。

推薦序二

一窺傭兵在戰場上生活瑣事

「James的軍事寰宇」粉絲頁主編／黃竣民

談到傭兵一詞，大多數人存在的刻板印象，可能都是從電影、電視或是新聞媒體而來，畢竟在臺灣具有這類型身分的人實在太少了。正因如此，人們往往覺得傭兵帶點神祕感。

像傭兵這樣的私人武裝力量，或多或少存在負面印象，尤其是二〇二二年俄烏戰爭開打後，約有一年多大家幾乎只關注到俄羅斯私人軍事服務公司「瓦格納集團」（Wagner Group）的動態，而忽略俄羅斯正規軍在戰場上的表現，但這種毫無避諱「功高震主」的鋒芒，最終也導致了集團首領的悲慘下場。

（按：自二〇二二年俄羅斯入侵烏克蘭以來，瓦格納集團與俄國國防部之間矛盾日益惡化。其集團首領指責俄軍在國防部長的領導下，屢戰屢敗且傷亡慘重，並駁斥俄羅斯入侵烏克蘭的理由。之後更宣布「必須制止俄國軍事領導層所展現的邪惡舉動」，該集團將部隊從烏克蘭撤回俄羅斯頓河畔羅斯托夫，還與當地武裝部隊交火，於是被俄羅斯聯邦安全局指控「煽動叛亂罪」。）

這也印證了「戰敗的傭兵雖然不好，但戰勝的傭兵可能更具風險」的古訓！

其實傭兵的歷史，早在古希臘時期就已被記載，在長達數千年間，分別在各地以不同模式持續運作，而非只有大家認為的「拿錢賣命，不問是非黑白」那類人。

例如，瑞士駐紮梵蒂岡的宗座近衛隊（Papal Swiss Guard）、英國的廓爾喀部隊（Gurkha）、法國的外籍兵團（Légion Étrangère）等名號響叮噹的單位。他們在歷史上的名聲就正面許多。事實上，傭兵與特種部隊性質相近，招募的對象都有一個共同的特質——「想挑戰自己」，因此在任何時代，不乏有人躍躍欲試。

在臺灣，會加入傭兵的人是少之又少，這或許也是造成資訊較為片面的主因。而《我當傭兵的日子與戰爭實況》的主角高部正樹，在日本是知名的軍事人物，他會成為傭兵，其實也是一種特殊的機緣。他原本立志成為飛行員，於是加入「航空自衛隊」（JASDF）接受飛行訓練，沒想到在訓練期間因受傷而離開，反而促使他毅然決然投入雇傭兵長達二十年的人生，並陸續在阿富汗、緬甸、波士尼亞等地參與戰鬥。

現在，他這些海外行動經歷，透過漫畫，以詼諧幽默的方式呈現出來，對於讀者而言，能以一種較輕鬆的態度，一窺傭兵在戰場上生活瑣事，更容易了解那些傭兵不為人知的內幕，不啻為另類寓教於樂的作品。

第三部

我的槍、包包和兄弟們

1

戰場上，人命不值錢

緬甸自二〇二一年二月發生政變以來，政府不斷鎮壓平民組成的抗議示威活動。
據稱超過七千人因鎮壓喪生。
緬甸的局勢相當動盪啊。
這裡面有高部以前在緬甸的敵人嗎？
這個嘛……時代和狀況都不同，所以很難說。
但兩、三年前，我確實和緬甸軍方多次交手。
當時的緬甸軍是什麼樣子？
舉個例子，
某次，我在叢林行軍時，剛好遇到正在避難的克倫族人。

克倫語
怎麼了？
緬甸軍強迫同村的克倫族人勞動，最後還殺了他們。
我們到村民說的地點——
已經死了。
真的是被緬甸軍殺害的嗎？
至少村民是這麼說的。
……
緬甸軍把平民當作搬運工。
他們會突然闖進克倫族村莊擄走村民，然後讓村民在叢林行軍時，幫忙搬運物資。
行軍時，走在最前方的人最危險，因為隨時可能遭受敵人攻擊或踩到地雷。
所以緬甸軍通常會讓平民走在前面。
可惡，有非戰鬥人員，不能發動攻擊！
把人當盾牌，太卑鄙了！
當我們了解敵人的手法後，也想出應對方法。
在發現緬甸軍後，先讓部隊前方的人通過，然後集中攻擊部隊中間和後方的成員。
兵 兵 兵 兵 民 民

緬甸軍不是省油的燈，他們立刻改變策略，把平民與軍人混在一起。
兵
兵
民
兵
民
兵
克倫軍軍事據點之一，旺卡基地
這裡經常遭到敵軍夜襲。
混蛋！
如此一來，我們就無法輕易出手。
我軍只有約七百人守護基地，
但敵軍多達2、3萬人。
雖然兵力懸殊，但我們能守住旺卡基地，
全憑地利——這裡被改造成易守難攻的地勢。
敵軍能發動大規模進攻的入口，只有一個。
緬甸軍
莫伊河
有刺鐵絲網
陷阱
地雷
塹壕
旺卡基地
莫伊河
莫伊河
泰國國土
泰國國土
克倫軍密集設置半地下化塹壕，還拉上刺鐵絲網，並在地底埋了數不清的陷阱和地雷。
前方沒有遮蔽物，緬甸軍冒著槍林彈雨，衝向布滿地雷的地區。
這麼做，就算有幾條命都不夠賠。

他們就算被打成蜂窩，還要前進嗎？
這麼做一點意義也沒有。
肯定是被打針或吃了藥。
緬甸軍先用大量迫擊砲攻擊我們的基地，接著讓步兵往前衝。
當他們知道這麼做無法突破防線時，就換成迫擊砲和步兵同時發動攻擊了。
敵人發射的迫擊砲攻擊到自己了！
就算被自己人打死也沒關係嗎？他們瘋了吧！
戰事慘烈時，有時一晚的敵軍傷亡人數，以數十或百為單位來計算。
他們就這樣，不斷毫無意義的進攻。
生命的價值會隨著時間和地點而改變。
緬甸士兵的生命，毫無價值可言。

※以自殺為前提對敵軍發動的突擊進攻。

我了解這些士兵為何把小隊長，交給我軍了。
我想緬甸軍裡，一定有很多人被迫參軍。
遭鎮壓的平民加入以克倫族為首的少數民族武裝勢力裡。
凸顯出「政府軍VS少數民族」……
不斷爆發的武裝衝突，讓緬甸一觸即發。
感覺又有大事要發生了。
我偶爾會和當時的長官聯絡。
在克倫軍中表現出色
負責補給的司令官
他也說「緬甸又要發生戰爭了」。
高部怎麼看呢？
想避免戰爭，唯有軍方做出大幅度讓步才行，所以相當困難。
雖然我不年輕，派不上用場了。
但說實話，我現在想立刻回到緬甸，和老友們一起作戰。
……

2

傭兵的求職活動

大家想知道傭兵如何求職嗎？
10月
我們這裡有兩個人覺得歐洲冬天太冷，可以送到你們那邊嗎？
波士尼亞
沒問題，歡迎～
緬甸
3月
高部，要不要在春天時，和我們去波士尼亞？
大家在一起，才好玩嘛。
恭敬不如從命！
波士尼亞，我來啦～
嗡嗡嗡
根本就是高中生的暑期工讀嘛！
我當傭兵時沒有網路，私人軍事服務公司在當時也不完備。
只能透過散落在世界各地的傭兵朋友獲得相關資訊。
傭兵的「人際關係」這麼重要。

他們就是剛剛提到的怕冷二人組。
我想問高部，為什麼你有這麼多在戰場上拍的照片？
這些照片是為了在找工作時，
向雇用方證明自己曾在這些地方打仗，
否則口說無憑。
傭兵都會在戰地拍照，
拍照也是工作的一部分。
……？
原來是這樣！
自稱前傭兵，卻找一堆理由無法提供戰地照片的人，
十之八九都是假的。
有在戰地的照片嗎？
我每天都在前線奮戰，
哪來時間拍照！
我當了20年的傭兵，只待過阿富汗、緬甸和波士尼亞。是因為拒絕不少邀約到其他地方當傭兵。
像是伊拉克、柬埔寨，或到阿拉伯擔任某大富翁的保鑣。
傭兵經常能接到擔任貼身保鑣的機會。
這類工作的薪資，應該很不錯吧？

每個月大概有一、兩百萬日圓。
高部的薪水根本不能比耶！
為什麼拒絕呢？
因為我當傭兵的目的不是為了錢，而是單純想參軍。
也對，高部就是這樣的人。
但透過朋友介紹然後面試，傭兵的求職意外的普通。
本來還期待能聽到有關在業界裡，能獲得高收入的傳奇傭兵故事。
我的朋友中，真有這樣的人。
什麼！
布雷森上尉，是我在緬甸認識的傭兵。
我們的共同點就是，都去過阿富汗戰場。
你待過伊斯蘭促進會？我是伊斯蘭協會的！
這樣說的話，原來我們之前是敵人！
要是在阿富汗碰到，可是兵戎相見喔！
哇哈哈哈！

我在他的名字後加上軍銜，是有原因的。
布雷森原是法國陸軍軍官，曾擔任法國外籍兵團指揮官。
克倫軍找他入夥時，授予上校軍銜，希望他能在軍中當幕僚。
我要在最前線作戰，
不需要這個頭銜！
上尉就可以了
炯炯有神
太帥了！
當時他才二十多歲，
身形瘦小，乍看下，只是普通的年輕人，但格鬥技巧非常高超。
ギチッ!!
認輸！
認輸！
他能輕鬆撂倒身高近兩公尺、體壯如熊的男人。
他的口頭禪是「沒有我布雷森不會的武器」。
不論國別或新舊，他都能得心應手。
武器和裝備的種類，相當複雜。
西方陣營的武器，我還算拿手，但有的東方陣營武器，我不在行。
之後我和他雖在不同地方作戰，但有關他的消息我時有耳聞。
亞洲某國
布雷森已成為這個業界無人不知、無人不曉的存在了。
阿拉伯王族的貼身護衛
歐洲某國

然而，在布雷森去了非洲某國後，突然就沒了他的消息。
原來當時他因參與政變，而被關押到監獄裡。
沒想到有人因想得到他，願意支付高額的保釋金。
莫布杜．塞塞．塞科
這個人是當時處於內戰的薩伊共和國（今剛果民主共和國）總統莫布杜。莫布杜看上布雷森的實力，想把他帶到自己的國家。
THE獨裁者
過了不久，我們收到一封來自布雷森的傳真。
有人要來薩伊嗎？
新聞上雖說反政府軍占優勢，
但我所在的政府軍
正蓄積戰力，準備反擊。
總統有一堆黃金，
現在來薩伊，
可以拿到很棒的薪水喔。
好吸引人哦。
去非洲看看或許滿有意思的。
信還沒結束喔。
如果政府軍被打敗了，我們可以奪下莫布杜的直升機，帶著他的財寶逃跑。
這是要我們參加他的奪寶計畫吧！他是魯邦三世嗎？
感覺政府軍必敗無疑！
果然有蹊蹺！

正中布雷森的預測，反政府軍取得勝利，莫布杜被推翻後流亡海外。
薩伊內戰
反政府軍勝利
布雷森銷聲匿跡了。
首都被攻陷時，不知道他是否來得及逃走。
約5年後——
前一陣子，我的記者朋友到非洲某國做與軍隊相關的報導。
這張照片裡的人是布雷森吧？
上尉還活著！他根本是不死之身吧。
當大家還在聊布雷森的事時，這次我們收到的，卻是他的訃聞。
布雷森沒戰死沙場，而是因跳傘發生意外而過世的。
當時他只有三十多歲。
我遇過的傭兵中，布雷森上尉實力超群。
我猜他根本沒死，而是假死，最後被其他祕密組織吸收！
這又不是電影。
……

3

開箱我的背包

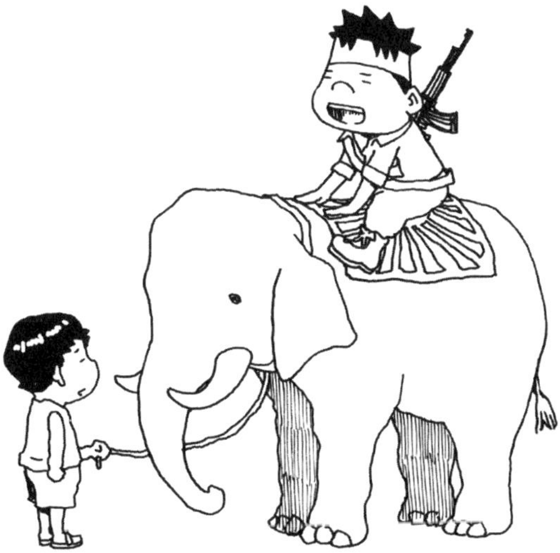

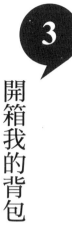

在叢林作戰時，日本百元商店的衣服壓縮袋是必備品。
這裡溼氣重，經常過河，要想辦法不弄溼包包裡的東西。
起初我會把行李裝在塑膠袋裡。
窸窣
但移動時，塑膠袋發出聲音，可能會要了我的命。
但用壓縮袋，就不用擔心聲音了
捲起來
還可妥善收納行李，好用到無可挑剔！
高部的行李好少喔。
那個袋子是什麼？
大家都對我投以羨慕的眼光。
「就只有你的行李那麼少，太狡猾了。」沒想到，我因此被要求多背一點東西。
雖然體積變小，但重量沒有改變啊！
ん!!
ど!!

想知道我在做什麼？
為了不讓行李發霉，我把包包裡的東西拿出來晒。
這是前面提到的壓縮袋。
因每個人都想要，所以我回日本時買了一堆給大家。
行李要盡可能整理好，要換的衣服以組為單位放在一起。
襪子
襯衫
內褲
夜裡氣溫低時，我們會穿著幾件戰鬥服睡覺。
戰鬥服
鋁製飯盒和水壺，
可以裝吃剩的菜餚，隨身攜帶。
我原以為只有日本人會使用鋁製飯盒，發現克倫族也有用時，嚇了一跳。
這一代果然深受二戰時舊日本軍的影響。
這是彈藥和手榴彈，有時還會加上闊刀地雷，
因為我屬於破壞工作隊，所以行李有少許炸藥。
炸藥好重

這是包含繃帶和止血的簡單急救品。
瞬間接著劑在緊急時刻可派上用場。
瞬間接著劑
其實，我的行李原本還有殺菌消毒液，
這是什麼？真有趣～
但醫療兵看到時，感覺如獲至寶，所以全拿去充公了。
無法馬上治療時，我們會把它塗在紗布上，用來代替縫合傷口。
瞬間接著劑平時也能用來修補物品。
下次回日本時，要記得多買一些喔。♪
……
膠帶也很重要，
而且顏色只能選黑或綠色，而非常見的棕色。
因為戰鬥服在活動時會發出聲音，若想安靜移動，可以用膠帶把腳和手腕貼起來。
只要有膠帶，就能用樹枝和雜草做暫時性的偽裝。
用沙子摩擦膠帶表面可以去掉光澤
在叢林中生活，若沒有吊床會很麻煩。
因為地上到處都是蠍子、蜈蚣和螞蟻等
這裡的螞蟻很大隻，被咬到會很痛。

要是弄死馬陸，可能會被牠的體液灼傷皮膚。
汁液噴出
這種馬陸很像異形，有點恐怖。
好燙！
桶子裡裝的水，浸泡過菸草葉。
克倫軍同袍說，浸泡過這種水的吊床，能防蛇。
雖然不懂原理，但蛇確實不喜歡尼古丁。
我不希望睡覺時被蛇咬，所以就照做了。
這個袋子裝與食物有關的東西，話雖如此，也只是咖哩粉等調味料罷了。
咦？東西去哪了？
那些傢伙又擅自翻我的包包！
其實在我待的部隊，有一種食物相當受到歡迎。
製作這種食物時，會用到克倫族傳統調味料「※娘歐提」。
プウーン…
這是一種用鹽醃漬小河魚並發酵，所製成的魚醬。
我們私下叫它「腐汁」。

※音譯

克倫族料理基本上都會用到鹽和娘歐提。
這種魚醬的氣味，比泰式魚露和日本鹽魚汁還狂野。
顏色呈現帶綠的棕色。其臭味更是難以形容。
ツーん!!
不論湯或菜，都是這種魚醬的味道，讓人受不了。
沒辦法，只好用昆布來配白飯。
從日本帶來的
那是什麼啊？
用英文怎麼說呢？
昆布是海藻，應該是Sea Weed吧？
sea
（海）
weed
（雜草）
海藻？日本人吃這種東西？太瘋狂了，哈哈哈！
要你管！
沒想到，那個嘲笑我的外國傭兵，之後跑來找我。
我可以吃看看海藻嗎？
才不要！而且之前你笑我！
不要這麼無情嘛，拜託啦！
切，真沒辦法。
塩こんぶ

如何？
意外的很好吃，比腐汁好吃一百倍！
雖然歐美人應該很難馬上嚐出昆布獨特的風味。
挺好吃的！
但跟習慣魚類發酵食品的日本人比，他們對克倫族魚醬避之唯恐不及。
真的嗎？
也分我一點！
我也要！
聽說高部有好吃的東西。
昆布、昆布！
我也要！
分量不多啦⋯⋯。
雖然不知道是什麼，但分我一點。
你們去吃魚醬！
結果原本夠吃一個月的昆布，5天就被吃光了。
剩下的25天，只能吃飯配腐汁了。
雖然過了20年，據說日本夢幻美食昆布，仍在當地流傳下去。
塩こんぶ

4

來自各國的弟兄們

某天，有一百瓶番茄玻璃罐送到前線。
法語分隊33瓶。
英語分隊33瓶。
德語分隊33瓶。
這樣大家沒意見吧？
這裡還剩1瓶。
最後一瓶就送給你吧。
小隊長！
我覺得應該全部倒出來，然後平分成3等分。
德國人怎麼那麼死心眼呀？

波士尼亞的傭兵，依語言分成三個部隊。
英語
有英語分隊、法語分隊，和德語分隊。
法語
德語
作戰時，以分隊為單位，但戰鬥以外，有時會一起行動
我帶吃的回來囉。
法語分隊中，法國人最多；德語分隊中，則是德國人最多。
謝謝分隊長！
因此，每個分隊會有獨特的「國家特色」。
由於傭兵裡有不同國家的人，因此，大家會時不時會開「國際玩笑」。
只有隊長有女友，真不公平！
哈哈哈
女朋友也得三等分！
……
開頭介紹的德語分隊隊長的笑話，是大家最喜歡說的。
和認真的德國人相比，法語分隊做事就很隨興。
他們從來不按照約好的時間行動。
例如，要夾擊敵人時，說好10分鐘後，法語分隊從A點、德語分隊從B點發動攻擊。
B地點
敵
A地點
德語
英語
法語
在此之前，由英語分隊來引誘敵人。
10分鐘後德語分隊準時發動攻擊。
B地點
德語
啪啪啪
好！等法語分隊到了，就一起發動總攻擊！
英語分隊

13分鐘後
沒有動靜
A地點
15分鐘後
沒有動靜
A地點
……
20分鐘後
哇——！敵人開始反攻了！
咦？行動開始了哦？
大家怎麼那麼著急？
法語分隊到底要等到什麼時候才進攻？
法語
A地點
和法語分隊約10分鐘，通常要等20分鐘，才會看到他們行動。
法國分隊雖我行我素，
但在極少數的情況下，會「瞎貓碰上死耗子」。
攻擊目標是在前方山丘布陣的敵人。
這次要擬好作戰計畫，確實拿下他們。
擬定計畫需要敵人的情報。
可以麻煩你的分隊去偵查嗎？
收集到情報後，立刻返回。
偵查嗎？是沒問題啦。
連動物都沒看到。偵查工作真的有意義嗎？
但我不好拒絕啊。

發現敵人！從這裡能看清楚對方營地。
話說，從這裡攻擊，應該可以將他們一網打盡吧？
但我們的工作是偵查。
……
還是開火吧！
說幹就幹！
ダダダダ!!!
ドカーン!!
うおおお
法語分隊？沒聽說要他們這麼做啊？
不是去偵查嗎？
發生什麼事了？有敵襲嗎？
呃……發動攻擊的，好像是我們的人。
ダダダダダ
法語分隊，不意外……。
之後，法語分隊憑一己之力擊退敵軍的一個小隊，還攻下敵方的據點。
根本中樂透了。
凱旋♪
而且還是頭獎。
充滿意外又我行我素的法國分隊，從此得到「樂透分隊」的綽號。

最後是我所屬的英語分隊。
英語分隊裡人種最多元，除了英語圈，還有像我這種所謂的「其他多數」。
英語分隊的風格與國家較無關，主要由隊長的人格特質決定。
歷任英語分隊隊長中，我對鮑勃的印象最深刻。
美國人很喜歡自由一詞。而鮑伯只要聽到自由，就會變得熱情。
FREEDOM♥
負責這裡的警備任務很危險。
但為了守護克羅埃西亞的自由……。
自由？
沒問題，由我們的分隊來吧！
美國人真容易上鉤。
這個熱血男總是接下危險和麻煩的任務。
有意思的是，鮑勃雖喜歡自由，但對民主主義不太感興趣。
民主主義是什麼？
要搭巴士還是貨車呢？
我們分隊坐在貨車的貨臺上就可以了。
這個時候要說巴士啦！
由鮑勃率領的熱血又經常自跳火坑的英語分隊，被大家稱為牛仔分隊。

歷任隊長中，有個英國人雖然認真，但在他領導下，分隊向心力不足。
英語分隊成員較複雜，只要一有事，就容易產生口角。
或許英語分隊由鮑勃這樣很有個性的人來領導較適合。
原來如此。
日本傭兵有哪些特質呢？
日本人是自我犧牲。
許多日本兵喜歡把「為了克倫族」掛在嘴上。
像高部這樣去過不同戰場的人……。
在當時的日本傭兵中，應是相當罕見。
日本人容易受限於「為了……」的想法，所以容易動彈不得。
身邊都是外國人時，不管願不願意，都會看到自身的「日本人屬性」。
像我就意識到自己認為，「自我犧牲是對的」。
日本軍人因認為保家衛國是理所當然的，所以不認為是犧牲。
自我犧牲啊……。
這樣說，或許日本人很適合當兵。
至少我完全不適合。

5

用生命換來的智慧

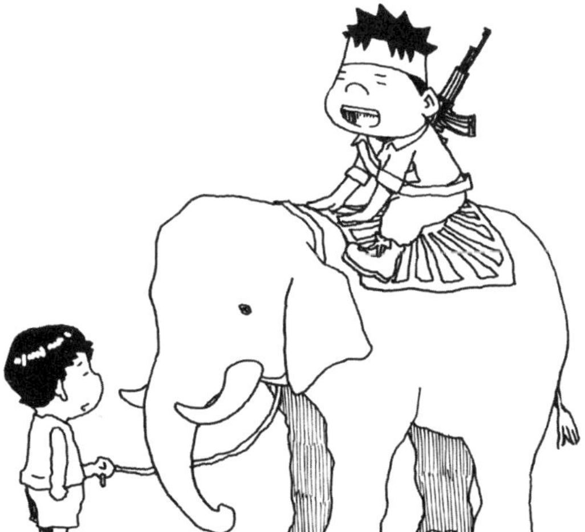

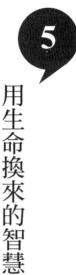

從泰、緬邊界的湄索縣，再往內陸走數公里，會看見一座鄉下聚落。
我們在沒有任務時，有時候會到這個只能看見旱田的地方。
這是為了拜訪某人——
吉井先生，我們來啦。
吉井是前日本帝國陸軍的一員。
在經歷過二戰期間的緬甸戰役後，沒回日本，而是選擇住在這裡。
要不要喝可樂呀？
傳言說，吉井先生是因「敵前逃亡（逃兵）」，而無法回日本，但沒人知道真相。
Coca

他靠販售自己種的蔬菜來維持生計。
此外，住家一樓是賣果汁、餅乾、糖果和日用雜貨的店鋪。
這間店由吉井太太負責打理。
這是日本的味噌，請妳嚐嚐。
味噌？
吉井太太是克倫族人，完全不會日語。
越後造り
原來是新潟的味噌。
我父親和吉井先生同是新潟縣老鄉喔。
好開心啊，好久沒喝到味噌湯了。
吉井先生總是以溫暖友善的態度接待我們。
有回到老家的感覺。
所謂的「老好人」，指的大概就是像他這樣的人。
請慢用。
謝謝。
自從我當了傭兵，就沒什麼跟父母聯絡。
因為和吉井先生待在一起，就像和親爺爺相處。所以沒有任務時，我偶爾會來拜訪他。

※胃腸藥，能止瀉和調整腸胃功能。可用來治療下痢、食物中毒、消化不良等症狀。

沒辦法，只好再去買了。
那個滿貴的。
你們在說什麼啊？
在叢林裡只有生水可以喝時，我們會在水壺裡加入法國製的淨水劑來消毒。
但淨水劑用完了。
原來是這樣。
把這個帶在身上吧。
※正露丸…？
正露丸
如果喝生水拉肚子，就吃這個嗎？
不對，你們在水壺裡放進4～5顆正露丸。
咦？
就當被騙，總之試試看吧。
叢林中
放進水壺裡的正露丸逐漸溶解。
味道有點怪，但不至於喝不下去。
重點是喝了之後，腸胃會怎樣？
隔天
狀態超讚！
真不愧是帝國陸軍！
這是過去的日本軍在叢林求生時，用生命換來的知識。
對我們來說，吉井先生不只是人生前輩，還是「叢林戰的前輩」。

某天我們拜訪吉井先生時，突然聽見發生戰鬥聲。
這個方向是旺卡基地
得趕緊回去！
可是我們現在沒有交通工具。
而且攻擊已經開始了，就算回去，在路上也會被泰國軍隊攔下來。
我叫兒子來幫忙。
喂，巴可迪！
叫我幹嘛？
吉井先生的兒子
巴可迪
抓抓
真不好意思。
別這麼說啦。
若遇到泰國軍隊盤問，該怎麼辦？
繞過去就好了。
怎麼繞啊？
直接穿過旱田！
呀——！
對了，我想問一個問題。

你們是胸派還是臀派啊？
ドド
ド
我比較喜歡屁股！
這傢伙真的是吉井先生的兒子嗎？
都說很危險了，他竟然還送我們到離基地這麼近的地方。
ドドドドド
飛彈隨時可能打到這裡喔。
離基地只有200公尺
下次一起去摸摸茶！
雖然巴可迪愛喝又好色，卻是真男人。
湄索縣旅館附設的酒吧
戰爭期間，吉井先生一直在叢林作戰。對你來說，當時什麼事情最難熬呢？
因為時間過了太久，我都忘得差不多了。
每次問吉井先生過去的事情時，都會被他轉移到其他話題。
吉井先生真的敵前逃亡嗎？
這種事情很難向當事人求證。

不好意思，你是日本人嗎？
啊，是、是的。
原來你是吉井先生的舊識啊。
嗯，每年8月，我都會和隊裡其他人一起拜訪吉井。
「隊」？
年輕人可能已經不知道了。
吉井和我以前都是佐藤幸德中將率領的烈師團一員。
我們都是英帕爾戰役的倖存者。
英帕爾戰役被認為是太平洋戰爭中最殘酷的一場戰爭。
他究竟會提到哪些吉井先生不為人知的過去呢？

6

永不消失的和魂

【前集提要】
吉井是英帕爾戰役的倖存者，他在二戰結束後沒回日本，而是在當地生活，
個中原因是什麼呢？
英帕爾戰役又被稱為**史上最惡名昭彰的戰役**。
無視後勤的重要性，一味強調精神勝利，這樣的作戰計畫當然會失敗，不僅造成大量餓死和病死的人，
再加上缺乏砲彈和彈藥的補給戰線最後全面崩潰。
據說參戰的9萬名士兵，約3萬人戰死、4萬人因受傷或生病死亡，慘烈程度可見一斑。
吉井所屬的第31師團（通稱烈師團）以攻打英帕爾北方的重要軍事據點科希馬為目標。但吉井在作戰過程中負傷。
他因被送到後方而撿回一條命。
之後，吉井到醫院接受治療，痊癒後再與部隊會合。
在二戰即將結束前他參加流經緬甸東部的薩爾溫江攻防戰，然而，部隊屢戰屢敗。
吉井在混亂中與部隊走散。在叢林徘徊一陣子後，因體力不支而倒下。

當時我們的部隊宛如散沙，每個人只顧四處逃竄，
沒人有心力關心倒下的夥伴。
在這種危急的情況下，吉井先生為何能活下來？
3天沒吃東西了。
還得了瘧疾，水壺裡一滴水也不剩。
看來我會獨自死在異國叢林裡。
……
咦？
這裡是？
我還活著嗎？
克倫族人救了性命垂危的吉井。
吉井因在克倫族的村裡療傷養病，才撿回了一條命。
原來如此，太好了。
事實上真正殘酷的命運，現在才開始。
他恢復健康時，二戰也結束了。
日本兵解除武裝後，在當地服勞役好幾年。
吉井為了和作戰時失散的夥伴會合，而造訪日軍收容所。

山田！太好了，你還活著！
是吉井嗎？你不是死了？
發生很多事，總之還活著就是了。
噓！你不要繼續待在這裡，會出事的。
因為你被認為是敵前逃亡的人。
!?
吉井為何會被當成逃兵，現在無從知曉真相了。
那時我們的部隊已分崩離析，吉井的遭遇，其實沒人有資格指責他。
但那時的日本軍隊，存在「成為俘虜前要先自殺」的風氣，所以把吉井當成逃兵，算是「殺雞儆猴」吧。
……
敵前逃亡，在當時會被槍決。
他就這樣因背負莫須有的罪名而無法回國，只能留在當地。
他明明沒做錯什麼，真是造化弄人。
……
某次，我和吉井先生獨處時，我鼓起勇氣問他過去的事。
碰到這種不合理的事，
難道不生氣嗎？不能回日本，有時會很寂寞吧？

因為我沒參與到英帕爾戰役中最慘烈的部分，
所以只要想到在科希馬殞命的同袍，就覺得要是抱怨，一定會遭天譴。
……吉井先生肯定曾經很氣憤，也很寂寞才對，但他卻……！
聽完他的話，我只能沉默不語。
後來某天，我和法國傭兵在泰緬邊界沿著河岸兜風，看到了這樣的景象。
我看到日本國旗耶？
ブロロロロロロロ
這種地方怎麼可能有日本國旗。
欸？真的耶。
那些人是…？
ばんだのさくらか えりのいろ はなはよしのに あらしふく やまとおのこと うまれなば※
難不成他們在進行慰靈儀式？
ザッ
ザッ
ザッ
さんぺいせんの はなとちれ

※發表於1911年的日本軍歌。其內容旨在歌頌步兵，因此被稱為步兵之歌。

是吉井先生，跟酒吧遇到的老先生。
這些人在每年8月來這裡，為喪命於此的弟兄辦慰靈儀式。
他們這麼做是為了追思死於異國叢林裡的同袍，也在回顧活下來後自己的人生。
……
追憶、哀悼、感謝、後悔、懺悔……
老人們的一舉一動，有許多難以用言語表達的複雜情緒。
每個法國老兵身材發福，只會在三星級旅館裡喝著紅酒，訴說當年勇。
我終於明白，二戰的日本為何這麼強了。
因為這些老人家是貨真價實的士兵。
雖然車子經過這群人身邊只有短短幾秒。
我卻有一種剎那即永恆的感覺。
十多年後，我從別人那裡聽到吉井先生過世的消息。
當時我已經引退了。
二戰已過了76年，
進行慰靈儀式的老人們，或許都不在了。
吉井在很長一段時間，都獨自待在異鄉。
不知道他感受如何？

在我詢問有關英帕爾戰役的那天，店裡來了一位小客人。
爺爺，我要買果汁！
妳爸爸最近好嗎？
他今天沒上班，喝完酒就睡了。
這樣啊。
她是克倫族的小孩。
她父親小時候也會到我的店裡買東西。
其實二戰結束後，有一陣子吉井先生也曾參與克倫族獨立戰爭。
他是為了救命恩人而上場。
吉井先生後來和克倫族女性共組家庭。
克倫族人們很景仰吉井先生，經常出入他家。
這麼說來，吉井先生是高部的前輩耶！
這裡最後成為吉井先生的故鄉和家人嗎？
這就只有當事人才知道了。
依我看來，吉井先生的人生，絕對稱不上「不幸」。
……
生活在吉井先生那個時代的人，都有屬於自己的戰後故事。
隨著吉井先生的過世，又一齣戰後史輕輕落下帷幕。

7

總是來亂的聯合國維和部隊

從一九九一年開始，波士尼亞內戰持續約三年半。
這場戰爭戰況慘烈，死傷人數相當驚人，其中有不少人是平民百姓。
高部當時屬於克羅埃西亞那方，與塞爾維亞的勢力作戰。
某天，兩軍隔著峽谷對峙，
氣氛一觸即發，然而一支部隊從谷底經過，雙方瞬間停止戰鬥。
這支部隊士兵戴藍色軍帽，乘白色的車，他們是和平的使者——
「※聯合國維和部隊」！
這次和大家分享，一個傭兵眼中，真實的聯合國維和部隊。
UN
UN
UN
UN

※全名是聯合國維持和平部隊，United Nations Peacekeeping Forces，簡稱PKF。

說真的，PKF……
在我們眼裡，就是來亂的。
咦？
總之，我繼續說。
克羅埃西亞和塞爾維亞隔著河谷對峙，
塞爾維亞
聯合國維和部隊
克羅埃西亞
負責仲裁的PKF來了之後，戰鬥雖暫時停止，
塞爾維亞
隊長，敵人的車子好像有動靜！
他們一定想開戰，我們要先發制人，砲擊！
克羅埃西亞
欸？他們竟然發動攻擊！
既然如此，只能反擊了，給我打！
原本停止的戰事，常因這樣而再次展開。
雙方都用長距砲彈，越過PKF上方，相互攻擊。
但這對克羅埃西亞很不利。
克羅埃西亞
聯合國維和部隊
塞爾維亞
不論是戰車或火炮數量，塞爾維亞有壓倒性優勢，對火力較差的克羅埃西亞來說，進行遠距離作戰，非常吃虧。
所以，我們比較想和對方近距離戰鬥，可是……。

因為有PKF，所以步兵部隊無法前進。
でーん…
可惡！他們果然是來亂的！
我方只能防守，快撐不下去時…
咚！
咚框！
唉，看來這次必敗無疑了。
為什麼有這麼多沙塵？
PKF感到危險，竟然先開溜啦！
スタコラサッサ
PKF的戰鬥力是不是很弱啊？
他們是多國聯合軍，若拿出真本事，應該很強。
但因打著「維護和平」名義，所以不能隨意出手。
要是我們明擺著不接受停戰勸告，就準備接受來自NATO（北約組織）的空襲了。
還是乖乖聽話比較好。
ドガーン
ドゴーン

聯合國禁止我們雙方使用任何航空飛機。
因為在戰爭中使用航空兵力，會擴大戰事，傷及無辜平民。
如果違反這條規定？
就等著看你的飛機被打下來。
因為民間飛機也被禁止飛行，所以當時旅行客機，也得避開波士尼亞上空。
波士尼亞與赫塞哥維納
聯合國真可怕。
聯合國為何要介入波士尼亞內戰呢？
UNITED NATIONS
聯合國要介入兩個國家的戰爭並不容易，
但若這麼做時，就會用「會威脅和平」等名正言順的理由。
塞爾維亞出現種族清洗這種屠殺行為。
聯合國介入的地區，正是事發的地點。
然而，聯合國介入波西尼亞內戰後，發生※雪布尼查大屠殺，當時有八千多位平民被殺害。
哪些國家參加PKF呢？
介入波士尼亞內戰的聯合國維持和平部隊叫聯合國保護部隊
「UNPROFOR」
(United Nations Protection Force)
某個地方發生需要聯合國介入的大事件時，聯合國就會召集PKF，然後由贊成介入的國家出兵。
波士尼亞內戰時，PKF主要以美國為主的西方國家所組成。
俄羅斯支持塞爾維亞，所以沒加入這次行動。
所以，嚴格來說，PKF稱不上中立。
竟然不中立？

※塞爾維亞族在波士尼亞戰爭期間，攻陷波士尼亞的市鎮雪布尼查。
這起大屠殺是二戰後，發生在歐洲最嚴重的一次屠殺行為。

當然，表面上必須裝作中立。剛剛有說，塞爾維亞曾發動屠殺，
因此PKF算是站在我們這邊的。
話雖如此，作戰時卻變成你們的拖油瓶。
讓人覺得很不爽耶。
雖然我說了很多PKF的壞話，但有時他們的存在對我們也有「好處」。
欸，煩人的傢伙來了。
是讓人傷腦筋的聯合國維持和平部隊啊……。
嗨，狀況如何啊？
如你所見，被對方打得狼狽不堪。
塞爾維亞的戰力如何？這星期投入多少軍隊啊？
他們為了即時掌握戰況，會想辦法從在最前線作戰的我們身上套出情報。
每遇到這種情況，我們都會和聯合國的人「交易」一下。
嗯，戰場上的情況……你還記得嗎？
唉啊，我全忘了，怎麼辦啊？
這樣啊……
這個有辦法幫你們恢復記憶嗎？
各種罐頭

啊，想起來了！敵軍約一百人，戰車3臺。
裝甲車上裝有榴彈砲喔。
有其他問題嗎？我們很樂意回答。
當PKF過來時，我們就會進入「給我好處」狀態。
……
PKF的野戰軍糧比克羅埃西亞的好吃好幾倍。
因為PKF成員來自各國，所以可拿到各種野戰口糧以英軍口糧最受歡迎。
例如，骰子牛肉、義大利餃及番茄口味沙丁魚等。
英軍口糧還有紅茶，這點「相當有英國風格」。
TEA
當我們喝咖啡膩時，剛好可以換點口味。
話說，PKF可不可以不要扯我們後腿啊？
託你們的福，我們被對方打得很慘。
「尼」的英語口音「台」重了，「窩」聽不懂。
混蛋！我們剛剛還用英文溝通耶！
理虧時，就想打馬虎眼，也是其特色之一。

8

侵蝕身體的惡魔：瘧疾

3天沒吃東西了。
還得了瘧疾，水壺裡一滴水也不剩。
瘧疾，其實是一種蟲。
蛤？
之前的故事曾提到這樣的畫面。
在叢林裡，人容易罹患的瘧疾，到底是怎樣的疾病呢？
原名叫瘧原蟲。用顯微鏡看瘧疾患者的紅血球時，能看到長得像蝴蝶幼蟲的瘧原蟲。
若瘧原蟲在人體內增生，會吞噬大量的紅血球，使患者發高燒。
就算暫時壓下病情，瘧原蟲也會潛入肝細胞等地方，苟延殘喘的活下去。
只要患者的身體狀況不好時，瘧原蟲又會重新出現在血管中。
全球每年超過2億人感染，是讓人傷腦筋的疾病。
比想像的還嚴重耶……。

話雖如此，其實瘧疾在叢林生活裡，是日常一部分。
就像感冒之於日本。
至今為止，我得過40至50次瘧疾。
瘧疾確實可怕，但因瘧疾而過世的，
通常是身體缺乏抵抗力的老人和小孩。
可是如果因此放鬆警惕，也會釀成悲劇。
我們就算得了瘧疾也不會死。
某個事件，把我們這種天真的想法徹底擊碎了。
這件事發生在我們一行人準備回日本前，待在曼谷旅館的幾天。
K好像怪怪的。
大家快過來！
額頭好燙哦。
顫動
看來應該是得了瘧疾。
馬上帶他去醫院吧。
顫動
只是發燒而已。
嗯？不是瘧疾？
不是，只要服用退燒藥就會好了，別擔心。
這醫生的話能信嗎？
嗯……。
因瘧疾是鄉下才有的疾病，因此像曼谷這種大城市，醫生不一定有治療瘧疾患者的經驗。

隔天早上
吃退燒藥、睡一覺，身體就復原了。
我按原定計畫，搭今天的飛機回國囉。
你的身體真的好了嗎？
K曾在自衛隊服役，是我們這群日本志願軍裡身體素質最好的男人。
安啦、安啦！
但我們因那天讓K獨自回日本而懊悔不已。
成田機場抵達大廳
在K回國三天後，我們抵達成田機場時，K的母親打電話過來。
喂，不好意思……請妳再說一次。
我兒子發高燒，狀況非常糟！該怎麼做才好？
可惡，K果然得的是瘧疾！
醫生有說他得什麼病嗎？
「阿米巴性痢疾」(Amebiasis)
怎麼看都是誤診，這樣下去，情況會更不妙！
於是我們試著打電話到K住的醫院。
K得的是瘧疾！
他曾在泰緬邊境生活，而且因我也曾得過瘧疾，
可以保證，他得的是瘧疾！

他得什麼病，由醫生來判斷。
但這樣下去…。
我很忙。
東京 K醫院
我知道了，我試著打過去看看。
太感謝您了！
可惡，醫生掛電話了。
這個醫生不相信我們說的。
咖
對了！找那位醫師，應該能做點什麼！
如果連曼谷醫師都沒治過瘧疾，更不用說日本醫師。
K住的醫院是日本少數有豐富治療瘧疾的經驗。之前我回日本發現自己罹患瘧疾時，也到這裡治療。
對方怎麼說？
咖嚓
嗯……應該有把我的話聽進去吧。
太好了！
但現在做血液檢查，下週才會知道結果。
怎麼會這麼久？
隔週，血液檢查的結果出來了。
…熱帶瘧？
希望時間還來得及。
……

※黑水熱（Blackwater Fever），一種急性的紅血球崩壞症。
病名源於患者的尿液會呈現黑色。

為何K會落得這種下場？
越早接受治療越好，是打敗瘧疾的關鍵。
我在緬甸時，曾問「無國界醫生」有關瘧疾的事。
熱帶瘧發病時，前三天定生死。
K被誤診，等檢查結果又拖一段時間。從發病到治療，已過了約一週。
所以才沒能救回一命。
為他惋惜。
瘧疾以「瘧蚊」為媒介來傳播，
Anopheles
因此防蚊可以說是攸關生死的大事。
所有防蚊用品中，最有用的是這個！
這是在緬甸市面上販售，廉價雪茄的「TOKITA」。
外面包菸葉，裡面是切碎的菸草。
因為克倫族士兵說：「這種雪茄的菸能防蚊。」所以每個人都會抽。
雖然我用過各種防蚊液，但都對叢林的蚊子沒用。
連美軍用的那個臭不可聞的東西，也起不了作用。
在無計可施之下，日本士兵也跟著抽這種雪茄，但……
蚊子能抵抗各種防蚊液，卻會避開這種的菸。
那麼，這種菸對人體也有害吧？
要因瘧疾而死，還是抽TOKITA而亡，真是煎熬的選擇。

※書中所有瘧疾相關內容，都是高部的記憶和見解，可能並非正確的醫療資訊。

9

AK-47，最受歡迎的槍

我當傭兵時最常使用AK-47。
我請編輯Y幫我買了一支最便宜的模型槍。
這個可以報銷嗎？
AK-47
槍口
照門
準星
選發鈕
槍管
扳機
握柄
彈匣
噠
噠
噠
噠
AK-47是前蘇聯製的自動步槍。
據說目前世界上有1億或2億支，
金氏紀錄也認證AK-47是「最常被使用的軍用槍枝」，是小型步槍界裡的長銷品。
在電影裡，AK-47好像都是壞人用。
這個待會兒再說，先來看一下這把槍的來歷吧。
史瓦辛格
壞人全部都拿
AK-47
《魔鬼司令》，1985年

AK在俄語的意思是，卡拉希尼柯夫式自動步槍。47則指這把槍誕生的年分。
一九四七年？當時二戰才剛結束不久嗎？
Автомат (自動步槍)
Калашникова (卡拉希尼柯夫式)
47 (1947年)
卡拉希尼柯夫，是設計這把槍的軍人名字。
他在二戰時，由於作戰時受重傷，於是想研發出一支步槍來對抗德軍的想法。
米哈伊爾·卡拉希尼柯夫（1919～2013）
這把槍最大的特色就是結構簡單。
槍枝必須經常拆解、清掃，但日本步槍零件很多，構造複雜。
和日本槍相比，AK-47一點也不複雜，整支槍就6個部分而已。
動作好快！
咖搭
咖搭
就算閉上眼睛，也能完成哦。
只要學過一次如何拆解和拼裝，就連笨蛋也能記住。
所以就算沒接受過軍事訓練，也能輕易學會使用AK-47。
另外由於AK各組成部分之間，保有相當的縫隙，
縫隙
所以就算卡異物，也不會有太大影響。
咖
咖
反之，做工越精良的槍枝，則越容易因一顆小沙粒，導致塞槍——無法使用槍枝。

這種做工較不精細的槍，性能沒問題嗎？
不能否認，命中率確實較差一點。
槍口傾斜
其實我喜歡用的是AKM突擊步槍。這是為了提高命中率，針對AK-47的缺點而改良槍口等地方，算是AK-47的後輩。
槍托的角度略為向上
AKM
不過在戰場上，有些事遠比這些小缺點更重要——
如果你們要上戰場，會選什麼槍呢？
電影《異形2》的角色瓦絲奎茲用的超強的脈衝步槍。
拜託，那是科幻電影！
我應該會選藍波使用的M16吧？
全是1980年的梗
我問傭兵朋友這個問題，幾乎所有人都回答AK-47。
當然是AK！
……
真的假的？
AK是問世超過七十多年的老槍，為何不選高科技的新式武器？
新式的優秀槍枝固然不少。
但AK就像剛剛提到的，因「能確實把子彈射出去」，而有壓倒性的優勢。
戰場上的環境非常惡劣，
被沙塵包圍、深陷泥沼……對士兵來說，
「就算身處惡劣環境，也不會出問題的槍枝」，才是首選。

AK的優點，不只耐用和操作簡單，還很便宜。
在東南亞黑市，只要4萬日圓就能買到，還附贈5個彈匣。
因此，AK-47的需求量很大。除了前東方陣營，世上有許多國家有產AK-47。
中國、前東德地區、捷克、羅馬尼亞、埃及……。
雖然AK基本上採取許可生產制，但市面上仍充斥不少品質低下的仿冒品。
「俄羅斯能拿來說嘴的出口商品，只有伏特加和AK而已。」
雖然這是經典的玩笑話，但我認為此言不虛。
前蘇聯製的彈藥，品質真的很爛，
唯獨AK-47鶴立雞群！
我想他們可能剛好走了狗屎運吧！
這句話好狠！
有趣的是，許多國家都會小幅度的改造AK。
例如羅馬尼亞製的AK，裝有前握柄。
唉啊！
但前握柄會妨礙換彈匣，所以評價很差。
中國製的AK則是在槍身下裝可折疊的刺刀。
ずしー…
但這個東西只會徒增重量，僅挖洞時會用到，所以風評也不好。

我在阿富汗當傭兵時，第一次使用AK。
反作用力比想像的強。
我對它的第一印象是粗製濫造。
它和我之前在自衛隊用的64式步槍，有鮮明的對比。
用馬來比喻，AK是農耕馬。
不論工作多麼辛苦，都會做。
已開發國家軍隊使用的槍枝，是純種馬。
只要好好的幫牠梳理鬃毛、餵好吃的飼料，牠會跑得飛快。如果你不做這些事，牠就會耍脾氣。
原來如此。
日本製步槍，就像純種馬中特別高貴的馬。
由於日本限制武器輸出，因此日本製步槍在市場上相當昂貴。
一支槍要數十萬日圓，不能讓它受到委屈。
64式步槍
我經常說「AK是武器，64式是工藝品」。
與其在戰場上使用64式步槍，不如擺在家裡做裝飾。
……
打開64式步槍的槍托後，會看到裡面有個塑膠筒，裝有拆解槍枝用的專門工具。
螺絲起子
通槍繩
刷子
放工具的地方
裝油處
總之，64式步槍作工十分精緻。

※融合印度教、氣功、佛教和基督教元素的宗教團體，被認為是邪教。

但「任何人都能簡單學會如何操作的槍枝」，感覺挺可怕的。
這是無法否認的缺點，只要拿了AK，
一般人甚至是小孩子，都可以成為士兵。
世上有大量AK在黑市裡流通，因此它是黑社會、恐怖分子等非法組織或個人最常使用的槍枝。
這就是為何在電影裡經常看到AK。
日本※奧姆真理教也曾暗地製造AK仿製品喔。
因此，AK-47也被稱為
「奪走最多人性命的槍枝」
「小型的大規模毀滅性兵器」
據說於二〇一三年過世的卡拉希尼柯夫，對這樣的結果感到相當難過。
如果我沒有和德軍作戰，應會設計農業機具……。
幾年前，莫斯科當局在卡拉希尼柯夫誕辰一百周年的紀念活動上，
舉辦小學生拆解組裝AK比賽，據說報名人數很多，會場相當熱鬧。
真是笑不出來！
AK-47到底是「殺害無數人」還是「保護無數人」的武器？
不論如何，它已在人類歷史上留下巨大的影響力。

10

孩子成為士兵的理由

阿富汗
高部，可以麻煩你訓練新兵嗎？
是可以啦。
簡單教一教就好，交給你了！
……
真的假的？
這群人是新兵？
這13個孩子就這樣被交到我的手上。
……
年紀最大的是15歲，最小的只有8歲。
槍出現在這些小戰士的手上，感覺變大不少。

雖然我看過不少報導，但到了阿富汗，實際看到不滿15歲的士兵時，還是相當受到衝擊。
這在日本根本難以想像。
然而，在這裡卻沒有什麼好大驚小怪的。
孩子成為士兵的理由，五花八門。
有的孩子被送到武裝組織裡，只是家庭為了減少一張吃飯的嘴。
有的因父母雙亡，無依無靠，最後只能來到這裡。
有的是為了替雙親復仇而成為士兵。
訓練從射擊開始。
大家把槍拿好！
你們手上的槍，和平常用來獵鳥的不同，隨便發射，肩膀會受傷喔！
因為槍在阿富汗很普遍，所以就連小孩子也知道用法。
我能教他們的，只有自動步槍和他們熟悉的小口徑槍支之間的差異。
這種步槍能連續發射，使用時要小心，不要浪費子彈。
——以及最低限度紀律。
嘿嘿
哈哈
喂！槍不能對著人啦！

接下來要教基礎的部隊行動。
通常2~3個人為一個單位。
行動時，不能所有人一起動，要留一人做掩護。
走路時，盡可能走在岩石上。
因為沙地或草地下，可能有埋地雷。
因不能教太難的東西，所以只能說一些基礎的內容。
訓練期間的某個假日，發生過這樣的事——
吶，高部
你要不要和我們一起賺錢呀？
?
這不就是遠足嗎？
我怎麼變帶隊老師了？
高部是不是穆斯林啊？
他叫納第姆，小士兵中年紀最小，只有8歲。
怎麼你也問我這個問題啊？我都回答超過一百遍了。
高部也成為穆斯林嘛，這樣我就可以幫你取穆斯林的名字了！
哈哈哈……謝謝你的好意啦。

只要是穆斯林，就會剃掉身上不需要的毛喔！
咦？陰毛也是嗎？
對啊！現在就讓你看證據。
住手啦！
高部你看！我身上沒有毛喔！
光亮
納第姆，那是因為你年紀還小啦。
我們到了！這塊岩石裡有值錢的東西喔！
這塊岩石裡有什麼啊？
孩子們好像從其他成年士兵那裡得到這樣的情報。
你在看什麼？
我敢說，這塊岩石裡一定有青金石。
下次有空，再來把它弄出來。
喂，你要保密喔！
不用擔心，我絕不會說的！
阿富汗是世上著名的青金石產地。如果挖到，就能大賺一筆。
拿到錢之後，要買什麼呢？
我要買一堆肉來吃。
我要買新的足球。
你們的格局太小了，我要買最新款式、攻擊力最強的槍。
好！再加把勁吧！

傍晚
兩手空空、毫無收穫。
とぼ
とぼ
我們回來了。
噗哧！
不會吧？你們真的去了？
那種地方怎麼可能會有青金石！我開玩笑的啦！
不要隨便開玩笑啦！
害我們做白工了！
我要吃肉，給我肉！
喂！榔頭放下來！
雖然發生了小插曲，但我的訓練仍在繼續。
大家聽好了，
到了戰場後，最重要的是，絕不能與指揮官、搭檔走丟。
現在開始，兩人一組。
從今天起，吃飯或睡覺，都要和搭檔在一起喔。
孩子在訓練過程中，看起來都很快樂。
欸，不要貼得那麼緊，很煩耶！
可是高部說，我們做什麼都要一起呀？
對他們來說，或許這一切就像在玩遊戲吧。
那邊的，別再玩鬼抓人了。

我很認真的訓練他們。
？
在當地的武裝勢力裡，接受完整軍事訓練的士兵非常的少。
他們原本都是農民和普通百姓，
突然讓他們到前線作戰，許多人一下子就死了或受重傷。
說得極端一點，我認為「哪怕犧牲九成，只要有一成士兵能累積經驗活下來，那就夠了」。
若什麼都不做，就會是這樣的命運等待那些孩子。
確實如高部所說的。
比起打倒敵人，
我真正想教的是，如何活下去。
只要有足夠的經驗，他們就能自己判斷，
而為了累積經驗，就必須在戰場上活下去。
原來如此。
——然而，之後發生的事，證明我的想法太天真了。
到底發生什麼事？
這些孩子之後的命運在下回分曉！

11

再也等不到的那五個孩子

聽好了，絕對不能和指揮官及搭檔走散。
盡量待在我能看見的地方。
萬一和搭檔分開，就跟緊其他同伴，
總之不要和自己人分開。
嗯、嗯……。
太小聲了！
……了解！
ダダダダダダ!!
ピュン!!
這天，是我20年傭兵生涯中，最不堪回首的日子。
那時，我還沒意識到自己的想法多麼不謹慎。
ドカーン!!

從開始訓練孩子起，過了約3週的某天。
下次的戰鬥規模很大，
我們現在急需作戰人員，
你帶的這支部隊可以上戰場嗎？
其實這種事發生好幾次了，但我都直接拒絕。
不行！他們只是孩子，而且還在受訓，沒人有實戰經驗！
要他們立刻參與大規模戰鬥，根本天方夜譚！
嘖。
我答應訓練孩子時，曾提過這樣的條件，
請給我2個月來訓練，
要讓他們能上戰場，不能少於這個時間。
如果不答應，請另找高明。
2個月有點長耶。
好吧，就照你說的。
然而，我拒絕幾次後，周遭的氣氛變得不太妙。
我們都上前線了，你們不去嗎？
呿，這麼怕死。
果然外國人不了解我們的情況。
高部，讓我們去吧。
我們是可以戰鬥的士兵了！
不知道戰爭有多可怕的孩子也想上前線。
我不想被當成膽小鬼！
……
既然這樣，
我們走吧。

當時的戰場位於山的斜面。
我們要從斜面由上而下，攻擊公路上每隔幾公里就有一個的敵方碉堡。
我方
從斜面由上而下發動
攻擊
敵方的碉堡
(緊急搭建起來的磚瓦房)
這場作戰有數千名士兵參加，我指揮的少年兵也在其中。
絕對不要離開我身邊。
了解！
納第姆有沒有聽懂？
嗯嗯。
出發啦！
喔！
然而，正如我預料的，戰鬥並不順利。
喂！不要衝得那麼快！
部隊會散掉！
嗚啊！
我過去之前，不要有任何動作！
糟糕……大家初次上陣所以，沒注意身邊狀況！
只有你嗎？其他人呢？
大家都各自行動了。
可惡！

地勢有高有低，還遍布岩石，因此我們看不見兩邊超過50公尺以外的地方。
若不清楚同伴的位置，大家會各自行動，導致彼此的距離被拉得更遠。
當孩子一頭熱往前衝時，大家就分別移動到起伏地形的兩側了。
我沒有無線對講機，聲音傳不出去。
我指揮的13名小士兵，**很快就四散各處。**
糟了！糟了！
傍晚，經過一天的鏖戰，我方開始往斜面上方撤退。
喂，你有沒有看到孩子們？
沒看到。
不知道大家是否回到集合地點了？
一定要回來啊！
集合地點位於山的另一邊的廢村。
你們還好嗎？
高部……。
只有3個人嗎？其他夥伴呢？
不知道。
不知道？今天你們做了哪些事？
我也不知道自己到底做了什麼。

我來到村口，
等那些
還沒回來的孩子。
拜託，
讓他們
活著回來。
!!
步履
蹣跚
終於回來了！
太好了，
我擔心死了。
高部……。
孩子們一個個
拖著沉重的步伐
回到集合地點。
在那之後，
等不到其他人。
最後一位回來
時，已是晚上
7、8點了。
這天，
只有8個孩子回來。
剩下5人，
音訊全無。
這次戰鬥對初次
上陣的孩子來說，
過於殘酷。
敵軍除了有機關槍和
步槍，還有追擊砲和
裝甲車，火力明顯優
於我方。
戰場上到處在爆炸，
瞄準自己的子彈，
不斷射過來。
過程中，我軍
不斷有人陣亡，
受重傷的人
被同伴抬到後方。
對孩子而言，這都
是上戰場的初體驗。
他們或許沒注意到
周圍發生什麼。
我必須承認，同意他們
參戰，是錯誤決定。

這是我傭兵生涯中，最不堪回首的一天。
……
通常戰場上的遺體大都會被帶回來，但這次，我沒看見那5個孩子。
是死了還是成為俘虜，就沒人知道了。
高部很後悔讓他們上戰場嗎？
「在戰場上被同伴當成膽小鬼，性命就不保」、「對傭兵來說，信賴比什麼都重要」
這些想法確實影響我最後的決定。
我一直認為，是我親手葬送他們的性命。
……
從緬甸回日本時，曾有人問我，有沒有興趣從事軍訓教練的工作。
但我拒絕了。
若能和大家一起上前線、冒同樣的風險，那麼我還願意。
但只有自己待在安全的後方，目送學生上前線，我實在做不到。
從這次事情之後，到結束傭兵生活為止，高部再也沒有擁有自己的「部下」。
在這個直到最後都堅持獨自參戰的男人，原來有這樣一段令人鼻酸的往事。

第三部後話

西川
工作告一段落！
兩位辛苦啦。
對了，不知道高部怎麼看這次的※烏俄戰爭？
我幾乎每天都盯著電視，緊追最新的進展。
就「戰鬥」來說，我算專業人士。
但「戰爭」遠比戰鬥還要複雜。
之前高部說過的話，對我有啟發。
モグ
モグ
我認同反戰運動的重要性，但它無法拯救當下可能失去的生命。
我參加戰鬥的目的，是想讓可能喪命的人能活過今天。

※漫畫連載時，俄羅斯對烏克蘭的侵略仍在持續升溫，看不到解決的可能性。

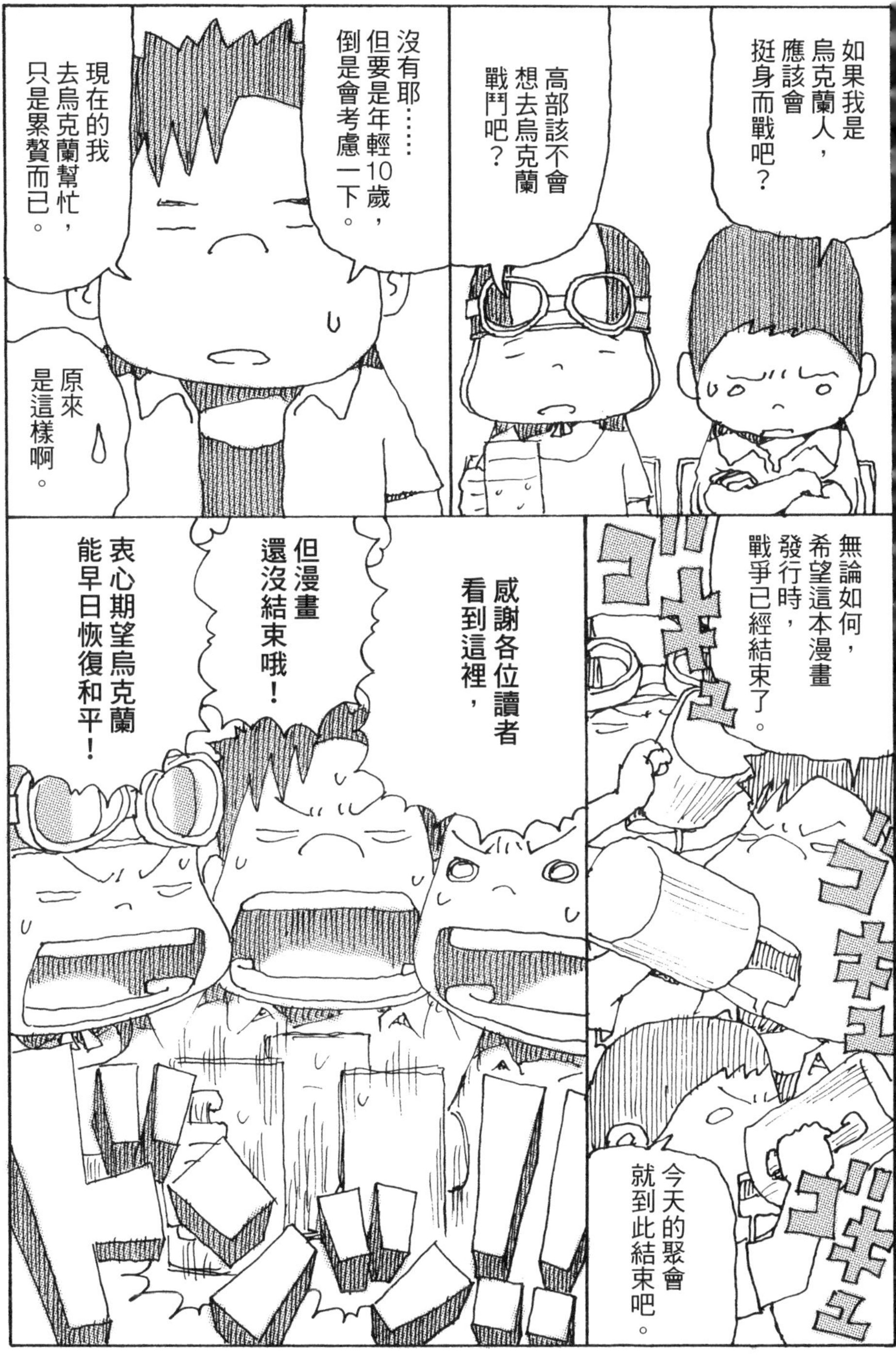
如果我是烏克蘭人，應該會挺身而戰吧？
高部該不會想去烏克蘭戰鬥吧？
沒有耶……但要是年輕10歲，倒是會考慮一下。
現在的我去烏克蘭幫忙，只是累贅而已。
原來是這樣啊。
無論如何，希望這本漫畫發行時，戰爭已經結束了。
ゴキュ
ゴキュ
ゴキュ
今天的聚會就到此結束吧。
感謝各位讀者看到這裡，
但漫畫還沒結束哦！
衷心期望烏克蘭能早日恢復和平！

第三部後話／高部正樹

從第一部結束到現在，已經隔了一年半，不知道大家覺得這部內容有不有趣。

日本出版第一部後，我收到不少讀者的回饋：「對傭兵的印象改變了。」能讓大家覺得傭兵沒有想像中的冷酷，是我最樂見的結果。**傭兵其實沒那麼神祕和遙遠，他們可能就生活在大家的身邊。**

當然，漫畫裡的舞臺是戰場，這裡會發生許多讓人不忍卒睹的事。

不過，上戰場時，我總能看到身旁戰友的笑容。我和傭兵弟兄嘻笑打鬧、同甘共苦，也會碰到一些悲慘到想消除掉的痛苦記憶。或許正因如此，與西川、編輯舉行定期會談時，愉快的記憶不斷被喚醒。

不論是在最前線浴血奮戰時的英姿，還是幹蠢事時狼狽不堪的樣子，都是傭兵生活中的一部分。我希望藉由本書，讓大家看到一般人難以接觸到的真實傭兵日常，而非戰地英雄故事。

第三部

我的槍、包包和兄弟們

一開始，出版社希望把我的傭兵生涯畫成漫畫時，我著實嚇了一跳。出版第一部後，竟然還有第二部問世，到現在第三部，真是遠遠超過了我的預期。能有這樣的結果，都得感謝讀者的熱情支持，在此和大家表達深摯的謝意。

第四部

軍中的真實樣貌

又見面了，我是西川。
現在準備進入傭兵第4部。
每個月聽一次有關戰爭的故事，然後畫成漫畫。
這樣特殊的工作持續至今已經5年了。
今年新買的椅子
在現實中，
當今世界各地，依然持續進行許多真實的戰爭。
我突然想起「宿痾」一詞，
要想治療人類長久以來的痼疾——戰爭，我們到底該做什麼才好？
宿痾
長時間無法治癒的疾病、痼疾。
不同立場的人針對這個問題，都大聲闡述自己的觀點。
應要改造癱瘓的聯合國！
強國要有更積極的作為！
面對他國的戰爭，不該隔岸觀火。要提升自家的防禦能力！
以力服人是不對的，推行和平運動才是解決紛爭的唯一方法！

針對這件事，有些人不喜歡打嘴砲，選擇親自前往戰場。
這些人打從一開始就知道，人類的宿疾無法「根治」。
這群人是傭兵，
和妓女並列為人類史上最古老的行業之一。
傭兵是世上最靠近戰爭的人。
本書是唯有直搗病灶、雙手染鮮血的人，才能分享出來的。
前傭兵，高部正樹
或許在他敘述的故事裡，隱藏著解決戰爭的線索也說不定。

1

軍隊中盛開的「體味」

※*Fury*為電影《怒火特攻隊》原文；*Enemy at the Gates*則是電影《大敵當前》原文。

FURY
5個美國大兵冒死挑戰史上最強坦克，虎式坦克。
ENEMY at the gates
從史達林格勒戰役中活下來的傳說狙擊手。
在充滿矛盾的越南戰場上，貫徹正義而犧牲的中士埃利亞斯。
PLATOON
出現在電影裡的士兵，是不是都很帥？
但是大螢幕無法讓觀眾知道，
士兵們的體臭有多可怕。
現在就和大家聊一下，有關體臭的事。

※*Platoon*為電影《前進高棉》原文。

阿富汗
他們是我初次上戰場時，一起戰鬥的聖戰士（Mujahid）。
他們沒有洗澡的習慣，頂多偶爾用水沖一下身體。
由於這裡空氣乾燥，所以通常不會產生異味。
噠噠噠
但若稍微流一點汗，情況就不同了。
是Mi-24雌鹿直升機！
噠噠噠
待在這裡會被打成肉醬，快躲到岩石陰影處！
呼，撿回一條命。
好久沒這樣跑了，流好多汗。
搧風
嘔……
這種獨特的味道，好像在哪聞過。
想起來了！是巴基斯坦市街上出現過的氣味！
進入阿富汗前，得先經過巴基斯坦。
巴基斯坦的街道上，瀰漫著辛香料和烤羊肉味。
聽起來感覺很香。
這種氣味不好聞嗎？
如果味道很淡，其實還不錯，
但若混合一個月沒洗澡的人類體味，味道就變成像是濃縮百倍後的中東烤肉味了。
太噁心了！

緬甸
在高溫高溼的叢林裡，每個人都會流很多汗。
但這不是「普通的體臭」。
就算我們在基地，也不是每天都能洗澡。
因我們約10天換一次戰鬥服，所以衣領會慢慢變黑。
一直流汗會讓衣服乾不了，於是滋生細菌。
じと〜っ…
霉味混合汗臭味，是克倫軍士兵們的基本標配。
有時在前線作戰，會超過一個月，沒洗澡、沒換衣服。
此時人類的體臭，會超過腐臭、酸臭等文字能表現的程度，進入新境界。
怎麼回事？
過了一個月，偵察部隊終於回來了。
大家都沒事，真是太好了。
ワイワイ
歡迎回……
嗚噁！
這不是臭，而是惡臭！
むわぁぁ
ぁぁぁぁん
因為味道很可怕，所以沒人敢接近他們。
偵察部隊周圍，呈現出甜甜圈狀。
…？
對臭味毫無自覺
憋氣
拜託，趕快走過去！

隨著風向改變，連數十公尺外，都能聞到他們散發的臭味。
進行作戰行動時，難道不會因為味道被敵人發現嗎？
不會，因為敵人也一樣臭。
因為周圍人都很臭，所以大家都習慣臭味啊。
要注意的，其實是有別於臭味的不同味道，
像是菸味或衣物柔軟精的味道。
お花の香り
柔軟剤
柔軟精？
有時日本士兵從泰國回基地時，會穿在泰國洗得香香的衣服回來。
在這裡，惡臭OK，香味NG……。
一直聊體臭話題，快受不了了。
咳咳
開窗吧！
站起
那我們換個話題。
腳臭
拜託啦，我真的沒地方住了！
這裡是史普利特，以世界文化遺產著稱的克羅埃西亞觀光城市。
我一位傭兵朋友在休假時跑來這裡。
謝謝你啦！
真拿你沒辦法。
不知道他從何得知我在這間旅館租了一間房，結果跑來蹭床位。
當晚
嗅嗅
嗯？什麼味道？
好臭！
找到凶手了！

※凍傷的一種。通常發生於腳長時間處在寒冷、溼潤或不乾淨的環境。

嗅覺會被經過數天熟成的狐臭攻擊。
むわあああん
一瞬間，更衣室就變成地獄。
原來這就是肉食文化的可怕之處。
我終於了解，為何歐洲的香水文化如此發達了。
飲食習慣果然對體臭產生很大的影響。
話雖這麼說，我很常說醃漬味兒、醬油味兒。
習慣的味道倒還好，但還沒習慣的臭味，很讓人受不了。
人是一種會發臭的生物。
這種特性在部隊這種奇特環境裡，會更加明顯。
聽起來真不舒服！
〈下回預告〉
這種話題讓人很難好好吃飯，但下一篇仍會繼續談臭臭的話題。
「屍體比人活著時更臭！」
接著要來談，「處理慘烈的屍體」！

2

如何處理屍體

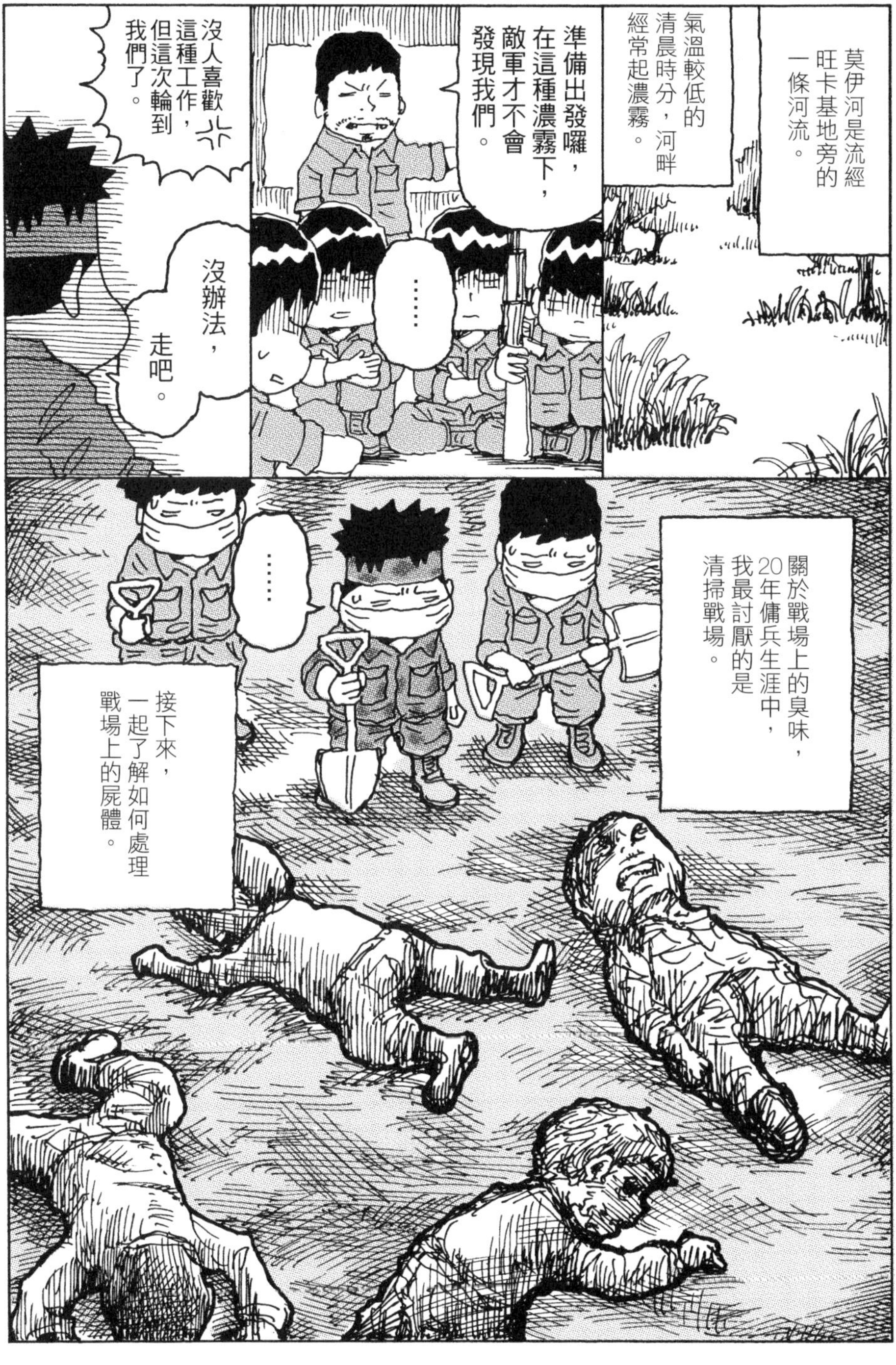
莫伊河是流經旺卡基地旁的一條河流。
氣溫較低的清晨時分，河畔經常起濃霧。
準備出發囉，在這種濃霧下，敵軍才不會發現我們。
……
沒人喜歡這種工作，但這次輪到我們了。
沒辦法，走吧。
關於戰場上的臭味，20年傭兵生涯中，我最討厭的是清掃戰場。
……
接下來，一起了解如何處理戰場上的屍體。

其實旺卡基地一直飄散腐臭味。
因為這附近經常出現敵軍的屍體。
再加上，這個與敵軍對峙的戰壕不通風，所以臭味久積不散。
那具屍體超臭，要想辦法處理一下！
戰鬥中也只能忍了。
臭到快受不了。
戰鬥持續3週了，外頭的屍體越來越多。
這樣的話，只能明天一大早起濃霧時，做戰場清掃了。
不要啦！
要是敵軍能自己清理就好了。
不過屍體就在我們眼前，所以他們也不敢來收拾。
話說回來，人類屍體在叢林裡腐化的真快，
才過半天，皮膚就變黑了。
或許是因為天氣炎熱加上溼氣影響。
在阿富汗的話，屍體應該就變成木乃伊。
乾燥！
阿富汗那邊的屍體，比緬甸的容易處理。

屍體不僅產生難聞的惡臭還是孳生病菌的溫床。
從人類戰爭史來看，在戰場上病死的人，比因戰鬥而亡的人還多。
清掃戰場是沒人想做，但一定得做的工作。
死亡多日的屍體上會爬滿蛆。
蛆會在鼻孔、嘴巴、眼窩等凹陷處蠕動。
雖然知道得有人做清掃戰場
但可不可以不要是我？
這次的臭味實在非比尋常。
!
嘔……！
噁！
原以為自己已習慣這種臭味，沒想到還是受到氣味重擊。
好重。
拖行
不要這麼做！
!!
嗚嘔嘔！
所以我才阻止你嘛。

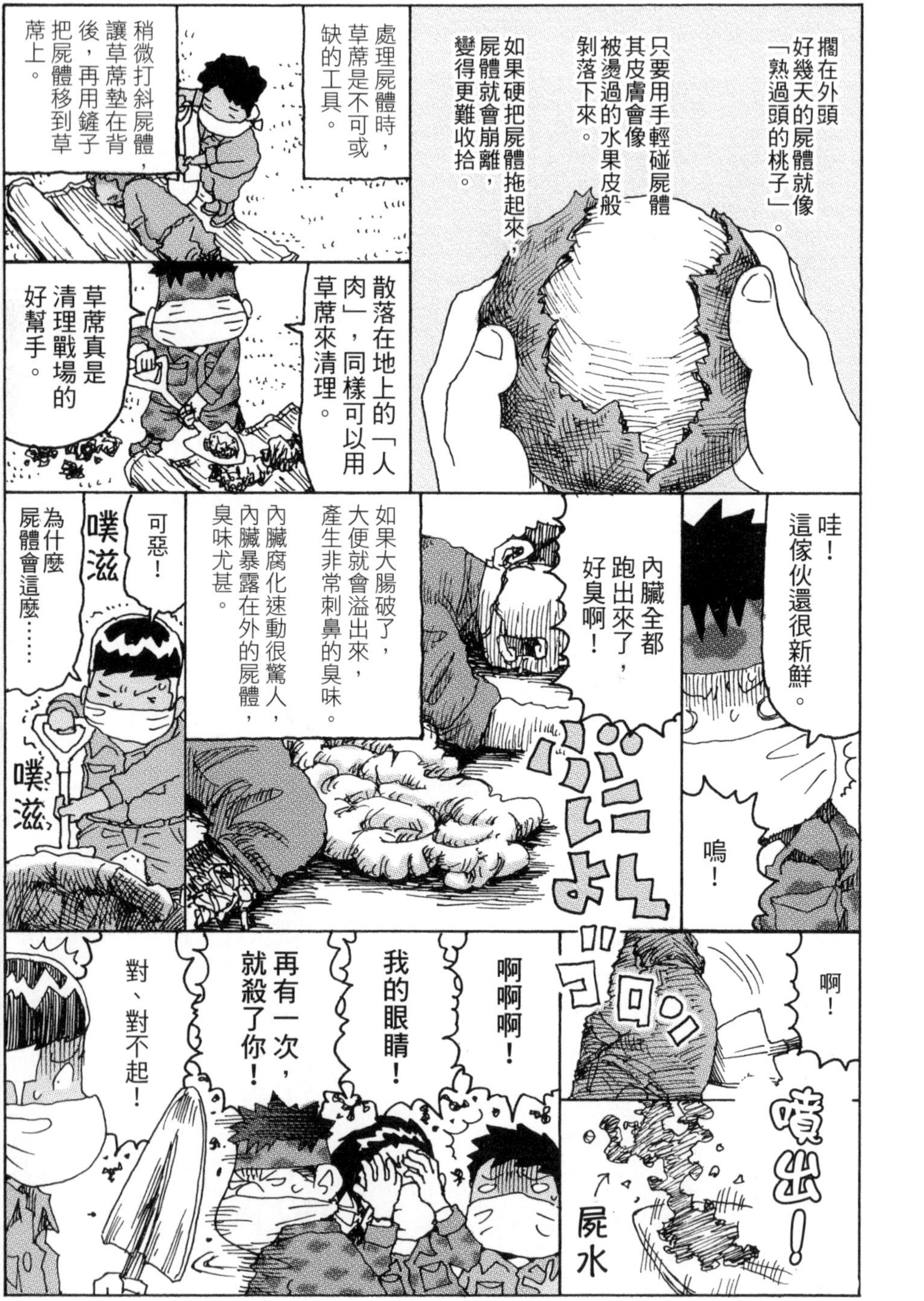
擱在外頭好幾天的屍體就像「熟過頭的桃子」。
只要用手輕碰屍體其皮膚會像被燙過的水果皮般剝落下來。
如果硬把屍體拖起來，屍體就會崩離，變得更難收拾。
處理屍體時，草蓆是不可或缺的工具。
稍微打斜屍體，讓草蓆墊在背後，再用鏟子把屍體移到草蓆上。
散落在地上的「人肉」，同樣可以用草蓆來清理。
草蓆真是清理戰場的好幫手。
哇！這傢伙還很新鮮。
嗚！
內臟全都跑出來了，好臭啊！
如果大腸破了，大便就會溢出來，產生非常刺鼻的臭味。內臟腐化速動很驚人，內臟暴露在外的屍體，臭味尤甚。
可惡！
噗滋
為什麼屍體會這麼……
噗滋
啊！
噴出！
屍水
啊啊啊！
我的眼睛！
再有一次，就殺了你！
對、對不起！

有時清掃戰場時，回收的敵軍屍體變成白骨後，我們會將其和遺物，一起送回到敵方手中。
從衛生面來看，新鮮的屍體得馬上處理，我們會在空地挖洞，然後集中掩埋起來。
大家飛也似的遠離我們。
接下來一週，都會這麼臭。
只是洗手、換衣服，好像沒用。
雖然想在河裡洗澡，但在戰爭結束前只能忍耐了。
「臘普」
泰國菜，用香草炒碎肉
天啊，才剛清掃完戰場，你竟然還有食欲！
不久後，你也會習慣啦！我最近在清完戰場後，胃口變更好了。
因為勞動後，肚子餓了。
不敢相信。
不過你們為了克倫族，竟然願意做這種事，
真令人尊敬！
一般來說，外國人不做這種事。
如果可以，我們也不想做。
欸？
因為我們拿著新手套時，被隊長看到了。
結果他說：「有這種好東西，就來幫忙清戰場。」
這也能當理由？

到現在為止，我刻意不用「屍臭」，因為我覺得屍臭和腐臭是不同的味道。
哪裡不一樣？
人過世一段時間，就算屍體沒腐化，也會出現一種乾掉的酸臭味。
參加葬禮，靠近棺材時，會聞到的味道是屍臭。
我好像懂你的意思。
雖然屍臭的味道，沒腐臭強烈，卻會長時間附著在身上。
衣服和身體若沾上屍臭，要好幾天才能散去。
我去泰國前，就算洗過澡，換乾淨衣服，但我遇到的人還是會露出嫌惡的表情。
高部有一種奇怪的臭味。
這是什麼味道？
好臭！
和一般覺得有點臭的味道不同，這是會讓聞到的人想避開的氣味。
這是生物本能嗎？自然的想避開死亡的味道。
不無可能。
這種臭味附在衣服上時，怎麼洗也洗不掉。
連裝備、包包和吊帶，都難逃魔爪！
看來被女孩子嫌棄對他的打擊很大。

3

一根火柴只能點兩根菸

阿富汗
要不要抽菸？
好啊。
我也要。
第一個人
咻
第二個人
謝啦
第三個人
為什麼把火熄掉？
因為菸點燃的一瞬間，你就會喪命。
咦？
①敵方狙擊手發現第一個人點火時，會找到位置。
②等第二個人點火時，準備射擊。
③當第三個人準備點火時，他會扣下板機。
「一根火柴只能點兩根菸」是常識，一定要記起來。
……

他在開玩笑嗎？
至少他們的表情很嚴肅，
而且人為的光源，在夜裡真的很醒目。
穿戴在身上的道具所反射出的光也很危險。
臉部彩繪用的麥克筆
所以我們會在手錶上塗綠色麥克筆。
吊帶的金屬部分和水壺則會貼上綠色膠布。
為了不讓膠布反光，我們還會用砂紙輕輕摩擦膠布。
「夜間作戰」，是純粹的恐怖。
人類的DNA裡，刻畫著對看不見的敵人的恐懼。
我們必須壓抑這種本能，才能參與夜間作戰。
不過，電影裡的士兵都有使用夜視鏡。
我當傭兵時，在阿富汗和緬甸沒有那麼先進的裝備。
就算到了今天，只有少數已開發國家有能力導入這個設備。

※在日本傳說中，賽之河原是子女因比雙親早亡的不孝而受苦的場所。
他們為供養雙親，得在賽之河原堆積小石頭建塔。

執行夜間作戰時，最討厭走過布滿地雷的地區。
雖說有人處理地雷了，但其實只是在埋有地雷處擺石頭做記號而已！
安全路徑只有約30公分寬。
簡直是※賽之河源！
雖然踩錯地方就可能爆炸。
但只要走在有腳印的地方就沒問題。
可是天色太暗，腳印幾乎看不見！
開手電筒啦！
不行，用手電筒就會被敵人發現，這樣執行夜間作戰就沒有意義了。
嗚。
只能緊緊跟著前面的人了。
只要出一點錯，膝蓋以下就會被立刻炸飛。
因為大家都想一樣的事，所以彼此的距離變得很窄。
每次遇到這種情況，都讓我想起某部跟賭博有關的漫畫。
集中精神！
別貼著我。
你才是
哇！
走快點！

月光的亮度是影響夜間作戰的重要因素之一。
例如，緬甸軍善於夜襲，他們會選在沒有月光的新月夜晚行動。
反之，在滿月我們可安心睡覺。
對攻擊方來說，漆黑比較有利？
太暗的話，什麼也看不見。有微弱月光的夜晚，最適合行動。
因此，我們執行夜間任務時，一定會計算※月齡。
然而，有時月光也透不進來。夜間的叢林裡，
周圍一片漆黑，什麼也看不到。
白天行軍時，為了避免受到密集的炮火攻擊，士兵會盡可能保持較寬的距離。
但在夜間的叢林裡行軍時，人與人的距離最多50公分，
超過這個距離，就可能跟丟前面的人。
!
喂！
抱歉，前面又停下來了。
噓！小聲一點，敵人會聽見的。
今天太暗了。
你看，伸手不見五指耶。
咦，人呢？
沒人回應

※月齡，指從新月開始計算，月亮經歷的天數。

糟！
我脫隊了！
明明這麼小心了。
在黑暗中，獨自在敵人的陣地裡……
這次真的要完蛋了。
你真讓人不放心耶。
得救了！
雖然只走散3分鐘，卻讓我失去生存下去的希望。
自此之後，要在叢林裡夜間行軍時，我一定會把手搭在前面人的肩膀或包包上。
別丟下我喔。
真煩人。
最後分享我在波士尼亞普羅所的郊外，負責監視任務時的事。
敵
我方和敵軍各占一個山頭，隔著峽谷對峙。
這個小屋對我軍來說，有點像※煤礦坑裡的金絲雀。
雖然敵軍來襲時，負責監視的我們會直接面臨危險，但能讓我軍知道敵人進攻了。
當時我和同伴在接近敵營的一個監視小屋站崗。
我方
在這裡負責監視敵人，壓力真大。
喂，快起來！
…!?

※用來比喻可做為早期預警的事物。

怎麼啦？
不好了！有一堆敵人！
敵人在哪？
躲在前面的矮樹叢。
這麼暗還能看清楚，視力真好。
那邊有一堆光點！
你是說那些搖搖晃晃的光點嗎？
沒錯！那是手電筒發出的光！
唉……。
回去睡覺吧。
別走啊，喂！
你是白痴嗎？那是螢火蟲啦！
到交班之前，不准再叫醒我們！
咦？
因為太黑了，結果誤會了。
這種事情絕不會發生在白天裡。
對士兵來說，夜晚危機四伏。

4

少女同志，向敵人開槍吧

我最近讀了小說《少女同志，向敵人開槍吧》。
才知道過去蘇聯與德軍作戰時，女性狙擊手曾在戰場上大放異彩。
性スナイパー拘束
前一陣子，有一名親俄女狙擊手被逮捕。
據說，死於她槍口下的烏克蘭士兵有四十多人。
狙擊是一連串細緻的作業，
執行時，個頭小不易曝露自己的人較有利。
在這個領域，
或許女性比男性更容易嶄露頭角。
今天要聊的是女性士兵。
據說最近自衛隊裡，越來越多女性加入。
在我那個時代，女性自衛官非常少。
女性現在不只擔任後勤，也能加入實戰部隊了。
其實從二十多年前起，自衛隊就已開始募集女性飛行員。

女性士兵占比是多少呢？
我個人感覺是，克羅埃西亞軍裡的女士兵約全體5％。
每20人就有1位女性，比例算很高。
女士兵基本上從事後方勤務，
主要負責補給和衛生相關事務。
極少數被派到前線的女兵，大都是砲兵，以自衛隊來說就是「特科」。
她們通常待在距離前線數公里遠的後方。
補給和衛生相關……也就是所謂的無名英雄吧。
雖然不起眼，但相當重要喔！
傭兵的生死，與補給息息相關。
波士尼亞 查普利納基地
這件防護背心，原本被子彈擊中的地方已被縫起來了。
之前穿過這件防護背心的人，應該掛了。
馬克！你怎麼拿到新背心？
我只是和負責補給的女兵打好關係而已。
新品
原來如此！
感覺有點不吉利，但也沒有辦法。
新東西先給正規軍使用，傭兵只能用二手。
咦？

隔天起，負責補給的女性，收到來自各方的禮物。
我帶餅乾給她們吃。
我有三明治。
我送花給食堂的歐巴桑！
目標是拿到新補給品及改善待遇！
傭兵部隊的未來，全在這些女性身上！
傭兵很不被重視耶。
接下來，要拿下衛生部隊，但這是場硬仗。
查普利納基地衛生隊營區
不好意思，我肚子痛，有沒有藥？
哇？
我知道你喔。
我軍裡唯一的亞洲人。
想要胃藥做什麼啊？
どーん!!
每個人都好高大！遠遠超過日本女性的平均身高。
身高177公分
體重75公斤
（當時）
被這麼多高大女性包圍，我好像身處在棉花糖女孩酒吧。
……
據說錄取條件是體重要超過120公斤。

※據說二戰的德蘇戰爭時，蘇聯動員100萬名以上女性參軍。

在女性衛生兵面前，男性毫無地位，
甚至被年齡和軍階比自己低的女衛生兵罵到臭頭。
在部隊裡，若被女性討厭，就混不下去了。
這麼說來，女兵若在最前線作戰，只能擔任狙擊手嗎？
不好說。先不談※前共產主義陣營國家，女狙擊手在西方陣營國家裡，其實相當罕見。
對女性來說，體力或許是最大挑戰。
但我認識的人中，
曾有一位在前線作戰的女步兵。
我第一次遇到她，是在波士尼亞戰場最前線的營地裡。
那個傢伙個頭那麼小，卻扛著那麼大的步槍。
【RT20M1】20mm反器材步槍
這把槍裝上子彈後，重達近20公斤。如果沒有相當的體力，便無法駕馭它。
馬爾蒂娜，隊長呢？
沒看到。
可能躲在廁所裡偷偷自慰吧。
咦？前線竟有女兵！

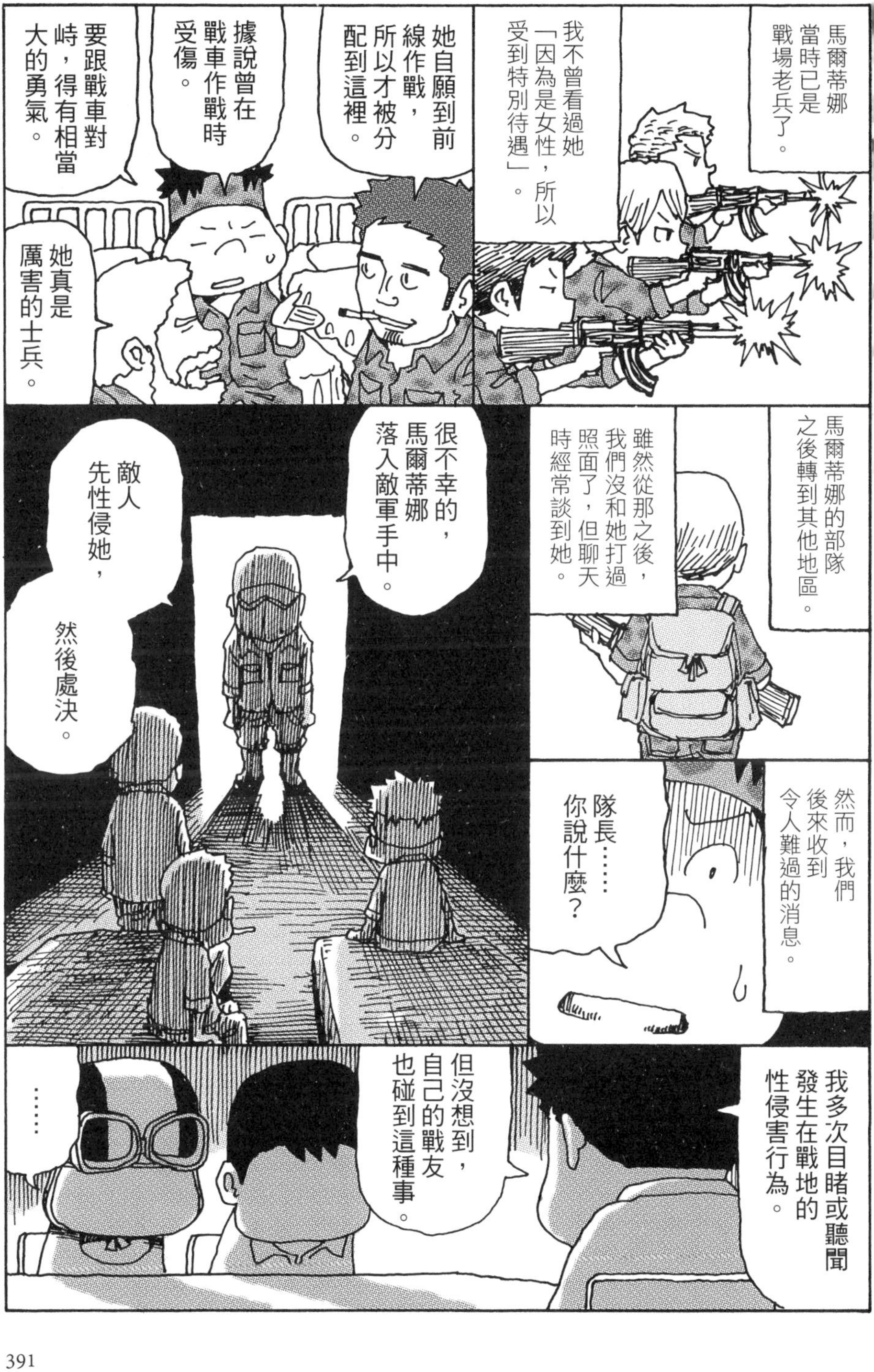

馬爾蒂娜當時已是戰場老兵了。
我不曾看過她「因為是女性」所以受到特別待遇」。
她自願到前線作戰，所以才被分配到這裡。
據說曾在戰車作戰時受傷。
要跟戰車對峙，得有相當大的勇氣。
她真是厲害的士兵。
馬爾蒂娜之後轉到其他地區。
雖然從那之後，我們沒和她打過照面了，但聊天時經常談到她。
很不幸的，馬爾蒂娜落入敵軍手中。
敵人先性侵她，
然後處決。
然而，我們後來收到令人難過的消息。
隊長……你說什麼？
我多次目睹或聽聞發生在戰地的性侵害行為。
但沒想到，自己的戰友也碰到這種事。
……

馬爾蒂娜所在的部隊，和其他部隊的氣氛不太一樣。
讓人感到輕鬆活潑。
雖然部隊宣稱她沒有特殊待遇，但成員裡有女性，還是感覺不太一樣。
相信部隊裡的男性在她面前，會更加努力作戰。
而且在馬爾蒂娜被敵軍擄獲前，大家肯定拚死保護她。
始終抱持「女性也能上前線作戰」信念的馬爾蒂娜，
最後竟成為敵人的俘虜，我想她一定很懊悔。
肯定很不甘心吧。
接下來我要說的，在今天或許很不「政確」，
但我真心認為女性不該到前線作戰。
我在緬甸和波士尼亞看過太多女性成為敵軍俘虜後，遭受可怕待遇。
另外，女同袍被傷害，我方士氣也會受到相當大的打擊。
這是在馬爾蒂娜的憾事發生後，我深刻體會到的。
……
性別平等是理想。
然而，與理想距離最遙遠，正是戰場。

5

戰場上最豪奢的食物

照片裡的人是Y，他曾和我一起在克倫族軍隊作戰，最後死於沙場。
為什麼經歷長時間戰鬥，Y還能在鏡頭前露出微笑？
原因和他手中那塊棕色的薄片有關。
那是黑砂糖。
黑砂糖？
把甘蔗汁煮到幾乎乾掉後，倒進盒子裡定型，就會得到黑砂糖板。
每次遠征時，隊長都會用香蕉葉包1～2片黑砂糖板，帶在身上。
緬甸
隊長↓
今晚在這紮營吧。
呼。
好累哦。
默默拿出來
香蕉樹…
葉子？

※印度的香料奶茶，飲用方法是在紅茶裡加入糖、香料和牛奶。

喝法是往茶裡加砂糖。
倒入
杯子裡有一半都是
砂糖
加太多了！
好像在喝糖漿……。
噁
喝的時候不要攪拌，只喝最上面茶就好。
原來如此，這樣就能連續喝好幾杯。
但還是很甜。
當地士兵每天都要喝。就算到前線作戰，也一定會帶上茶葉和砂糖。
好餓啊
咕嚕咕嚕
結果出現一種情況，是部隊經常「有茶可喝，卻無飯可吃」。
為了預防發生這種事，我習慣把吃剩的囊餅放在包包裡。
變硬的囊餅只要浸泡馬薩拉茶就會變軟，然後就可以吃了，這是「高部流阿富汗飲食法」。
高部，明天開始遠征，加油，這個給你。
這是什麼？
這一小塊東西裡，混合乾掉的杏果和葡萄。
阿富汗其實是著名的果乾產地。
雖然這個東西又甜又好吃，
但想藏起來偷吃也不容易，因為一旦被其他人知道，瞬間就會被分完。
我也要
我要
我也要

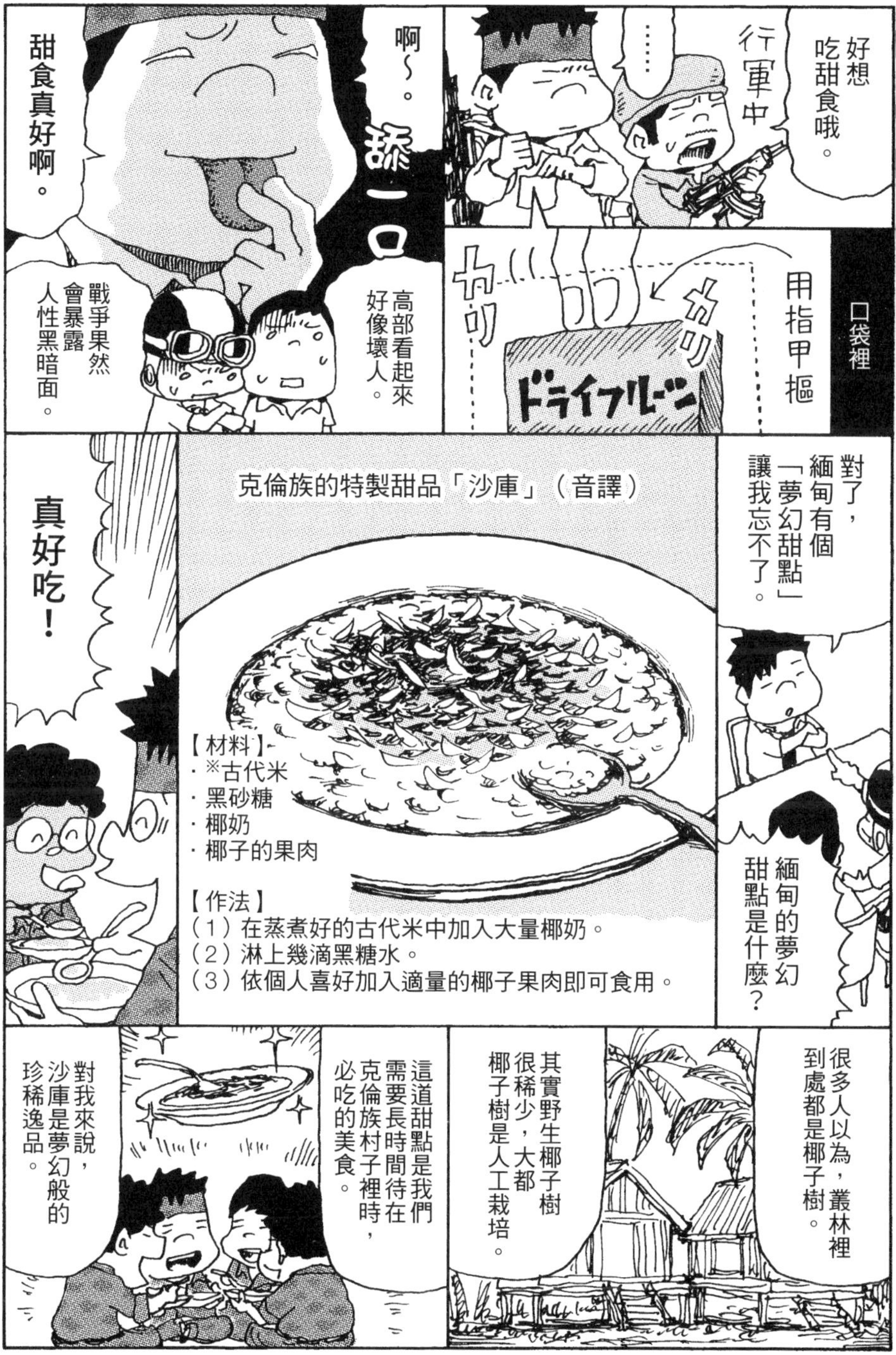
好想吃甜食哦。
行軍中
……
啊～。
舔一口
甜食真好啊。
口袋裡
用指甲摳
カリ
カリ
ドライフルーツ
高部看起來好像壞人。
戰爭果然會暴露人性黑暗面。
對了，緬甸有個「夢幻甜點」讓我忘不了。
緬甸的夢幻甜點是什麼？
克倫族的特製甜品「沙庫」（音譯）
【材料】
· ※古代米
· 黑砂糖
· 椰奶
· 椰子的果肉
【作法】
（1）在蒸煮好的古代米中加入大量椰奶。
（2）淋上幾滴黑糖水。
（3）依個人喜好加入適量的椰子果肉即可食用。
真好吃！
很多人以為，叢林裡到處都是椰子樹。
其實野生椰子樹很稀少，大都椰子樹是人工栽培。
這道甜點是我們需要長時間待在克倫族村子裡時，必吃的美食。
對我來說，沙庫是夢幻般的珍稀逸品。

※在日本，古代米是指有色米的總稱，包括紫米、黑米、紅米等。

進入高溫的叢林後，前2~3天大家會說……
好想喝一杯冰涼可樂。
但4~5天後，想喝冷飲的念頭就會打消了。
就算是溫的也好，好想喝可樂。
過了一週，也放棄吃甜的東西了。
至少給我們喝水吧！
位於泰緬邊境的湄索縣
在那個街角停車。
每次結束叢林裡的軍事任務後，我們回到湄索時，一定會舉行這個儀式。
我知道，要做那個，對吧。
點5份和上次一樣的。
ドーン!!
ドーン!!
ドーン!!
甜食和冷飲，是傭兵結束叢林作戰後最想要的東西。
雖然在旁人眼中，我們的行為有點奇怪，但同時點冰涼啤酒和甜甜的聖代，才能撫慰我們的身心。

其實有一件事我從以前就覺得有點不可思議。
自衛隊的野戰口糧裡，竟沒有甜點。
咦？
我吃過許多國家的野戰口糧，不論哪國，口糧裡都有甜點。
就連缺軍餉的克倫軍，都有黑砂糖。
APPLE CAKE
GUM
CHOCOLATE BAR
COOKIE
會不會是因為和食會用砂糖調味，所以士兵不會缺糖？
計算營養和卡路里，日本口糧沒問題。
吃甜食能放鬆身心，好好休息，迎接新的一天。
我常常，在結束戰鬥的夜裡，一邊吃甜食，一邊仰望星空，讓自己振作起來。
但有些事無法單純用數字來呈現。
甜食不只用來果腹，也是士兵的精神慰藉。
和世上其他國家軍隊相比，自衛隊能算是精良的部隊。我以自衛隊士兵為傲。
但從口糧裡沒有甜點可以看出，這是缺乏戰鬥經驗的部隊。
我強烈呼籲，自衛隊口糧應要加入甜點！
若增加國防預算，先從充實口糧裡的甜點開始！

6

傭兵與正規軍

波士尼亞「第8軍營」位在查普利納基地的最後方。
當時有兩支小隊，住這個宿舍。
一支是由外國人組成的傭兵部隊。
傭兵部隊的房間
樓梯
阿爾法部隊的房間
另一支則是名為「阿爾法」的正規軍精銳部隊。
這兩支部隊的關係
非常、非常的差。
傭兵部隊每天以跑步來展開新的一天。
啊～睡不夠。
今天還得跑步。
嗯？
!!
ドドドドドド!!

欸，那些傢伙已經開始晨練了。
明明昨天到吃早飯前，都睡眼惺忪的樣子。
拚死往前衝！
一副絕對要贏過我們的樣子。
長跑訓練
……
我們比你們多跑10公尺喔！
ゼ〜
ゼ〜
ゼ〜
山岳訓練
我們比你們早一步登頂！
……
射擊訓練
我們拿的武器比你們的（稍微）重！
ズゥ〜ン…
根本是小學生等級的較勁。
由各路好漢組成的傭兵和自尊心高的菁英組成的正規軍。
相性差又有語言隔閡，關係劍拔弩張。
這些人生活在一個屋簷下，爭吵是必然的。
你們用過的廁所髒的要命！
雙方每天都為了一點小事吵起來。
用完洗臉臺，為什麼不關水龍頭！
別把你們的垃圾掃過來！

※作戰時，傭兵部隊受阿爾法部隊所屬的中隊指揮。

就在這時阿爾法部隊裡加入一群新兵。
大家好！我是米魯可，請多關照。
其中一位是剛結束新兵訓練，年僅17歲的米魯可。
不知道他是好奇心過於旺盛，還是不會讀空氣。
哇！你在非洲打過仗？太強了！
他經常跑到「敵營」串門子，而且天真的問東問西。
因為我是部隊裡唯一的亞洲人，所以難逃他的詢問攻勢。
你是我第一個遇到的日本人，
東京現在流行什麼？
對話內容其實全是英文
你結婚了嗎？有沒有女朋友？我要看照片！
這是什麼？超方便！
送我一個好不好？
每當傭兵部隊從前線回來時，當晚一定會舉行「儀式」。
其實就是大夥兒一起喝啤酒到隔天早上。
在深夜用收音機放音樂，必然會成為我們和阿爾法部隊發生爭吵的火種。
ドンドン!!
靠！又想來對我們說三道四嗎？
哈囉！派對好熱鬧哦！
原來是米魯可。

我們也可以參加嗎？
可以，不過「我們」是指？
其實我老早就想參加了～
不是每個正規軍成員都不喜歡你們，
因為我們懶得和某些人發生爭執，所以一直默不作聲。
原來如此，總之，今晚一起喝個痛快吧！
我們帶酒來了，可以一起嗨嗎？
阿爾法部隊的隊員們
喔、喔……當然歡迎啦！
我也是。
我覺得米魯可沒想過要調和兩支部隊的緊張關係。
他開心的和我們對話，部隊其他人也看在眼裡。
等他回到正規軍時，會告訴他的同袍：「日本人給我看泰國正妹的照片。」
幾次之後，正規軍的人自然也對我們產生興趣。
雙方開始打招呼和談話，漸漸打開心房。
簡單來說，可以進行普通交流了。
啪
那天之後，兩支部隊進行共同作業「首次」。
軍中把發現和拆解地雷及詭雷的訓練稱為清除訓練。
這次訓練由傭兵部隊阿爾法部隊負責設置陷阱。

其他部隊挑戰通過布滿地雷的區域
……
磅！
訓練用的地雷，是不會爆炸，只會發出聲音的火藥。
踩到地雷啦！
我們可是精心埋設不少地雷喔。
剛剛踩的，是我們埋的！
亂講！明明是我們！
就說是我們埋的，聽不懂嘛！
噗……
噗噗！
哇哈哈哈！
給我安靜！看到別人的失敗有那麼好笑嗎？
糟糕，是旅團長！
對不起！
在這個瞬間，我感覺到兩支部隊的芥蒂消失了。
為了感謝米魯可為改善雙方關係做出巨大貢獻，
我把最喜歡的吊床當作禮物送給他。
ゴオオオオ
高部，謝啦！

7

生涯最大危機，我得了花粉症

（打手勢）
保持安靜，那些傢伙就在附近。
哈……
哈、哈……
喂…喂！笨蛋！
哈啾！
……

好，高部和史提夫死亡。
小隊長
FUCK！
啊，真無趣。
去下一關吧。
起身
雖然這只是使用空包彈的訓練。
但你罩子最好放亮一點，在戰場上就真的完蛋了。
……
一九九四年的春天，我的傭兵生涯迎來最大的職業危機，
因為我得了花粉症，所以一直打噴嚏，
連部隊都準備叫我走人。
哈啾！
我從查普利納基地，轉移到位於山區的戈爾良瓦科夫村時，一直有花粉症的症狀。
高部，你的眼睛好紅啊！
不管怎麼抓，還是好癢哦。
你會不會得了什麼怪病？
為什麼大家都好好的，只有我有事？
流出來
鼻水直流，看起來好像傻子！
可是止不住啊，怎麼辦？
哈啾！
哇！

說給現代人聽，他們可能不相信，直到20～30年前，花粉症算是罕見疾病。
但從那時起，患有花粉症的日本人激增，所以這個病開始備受關注。
然而，對於長時間待在國外的我來說，花粉症根本是未知疾病。
到底是怎麼回事？
我該怎麼辦？
大家可能會想，打個噴嚏，幹嘛大驚小怪。
但對軍隊來說，發出聲音有時會致命。
我在緬甸時，經常執行潛入任務，所以對聲音特別小心。
為了防止軍服發出聲音，用膠帶纏住衣服，是最基本的操作。
行走時，一定是腳尖先著地，而非腳後跟。
這是避免不小心踩到樹枝或石頭而發出聲音。
バキッ
そーっ…
就連匍匐前進，也有消音隱身模式。
① 趴在地上，手腕移到身體前方。
② 用手肘接觸地面，再用手肘撐起身子。
③ 身體稍微往斜上方抬高。
④ 像把下方的草往斜前方壓平般，從腳開始，依序讓身體降下來。
1 2 3
重複①~④!!
使用這種方法，移動時幾乎不會發出聲音。
但這種移動方法速度和烏龜一樣慢。
有時遇到情況危險，1小時只能前進2公尺。
のろのろ

在氣氛緊繃的戰場，別說打噴嚏了，連擤鼻子都不行。
哈啾!!
哈啾!!
哈啾!!
對在前線作戰的傭兵來說，花粉症是能讓人喪命的病。
太奇怪了，
有必要這樣嗎？
你、你在幹嘛？
別這麼做啦……。
哈哈！
完成！
只要把衛生紙塞進鼻孔裡，就不會打噴嚏！
哇哈哈哈!!
雖然有點難呼吸。
由於衛生紙很容易因鼻水而糊掉，所以我在口袋裡準備很多球狀衛生紙！
預防眼睛發癢的方法是，頻繁洗眼睛。
但因飲水補給時間不固定，所以我只能用最省水的方式來洗眼睛。
……
像這樣，把水壺緊貼在眼睛上快速沖洗。
洗了一天，水壺裡的水都變鹹了。

雖然這麼做看起來很拙，但遇到這種情形，我顧不了那麼多。
無精打采
!!
這是什麼？日本最流行的打扮嗎？
別想用這麼拙劣的方法來引誘我笑出來……噗哧！
阿爾法部隊的隊長←
為了搞笑而犧牲到這種程度，算你厲害！
正規軍才不會這麼丟臉！
多虧有衛生紙，為期2週的前線勤務，總算驚險的結束了。回到查普利納基地後——
我去找衛生隊！
ダッ!!
和不會說英語的女醫官溝通，我只能比手畫腳。
眼睛，癢、癢！
哈啾！哈啾！
鼻水，流出來！
最後拿到5天分幾種用途不明的藥物和眼藥水。
拜託，一定要有效啊！
不知道是藥有效，還是因為換了地方，抑或是花粉症時期過了。
總之，我的花粉症症狀逐漸減輕，總算回到原來狀態。
スピーッ!!
時隔1個月後的
鼻孔暢通

結果，造成你過敏的原因到底是什麼呢？
或許是杉樹的花粉。
說實話，我沒想過花粉會讓我過敏，也沒調查過那片森林有哪些樹種。
部隊裡身體出問題的只有我
因為部隊裡，超過9成都是歐洲人，他們一點事也沒有，所以我想，造成我出現花粉症的，
或許是某種歐洲特有的植物。
沒想到這個狀況竟讓高部差點提早結束傭兵生涯。
是啊。
我曾在阿富汗受跳蚤，在緬甸受瘧蚊所苦。
在前往波士尼亞前，我曾天真的以為，到了歐洲就不會碰到類似的事，沒想到……。
說實話，花粉症讓我最不舒服。
當時我難受到曾考慮不去波士尼亞作戰。
不害怕子彈，但恐懼花粉，傭兵時代的高部，比想像的纖細多了。

8

便便話題

我們想問一個重要的問題。
什麼啊？
敵我雙方激烈交戰時，
噠噠噠！
咻咻咻！
而且短時間不會結束⋯
如果⋯⋯我是說如果，
這時想大便，該怎麼辦？
どーん!!
直接拉在褲子裡囉。
拉出來
「優秀的士兵一定會在戰場上排泄」，是戰地常識喔。
騙人！
這次主題是「戰地的廁所」，
正在吃飯的讀者，不好意思啦。

沒有士兵在作戰時，會脱褲子大便。
雖然不至於一上戰場，就大在褲子上，但經驗豐富的士兵，肯定至少有1～2次這種經驗。
敵人才不會管你是拉肚子或便祕。
……
拉出來
儘管在電影中，看不到主角大號的畫面，但我敢説不管是藍波或史瓦辛格，絕對都曾幹過這件事。
拉出來
……
因每個士兵都會經歷，所以就算發現同袍直接大出來，也不會嘲笑，而是裝作沒看到。
啊啊，原來你也是。
我懂……我都懂。
我在緬甸時，隸屬破壞工作部隊，經常要潛入敵軍陣地執行任務。
喂，新人！
把自己的便便埋起來！
你剛剛去便便，對吧！
對啊，怎麼了？

當我們在敵人的陣地時，一定要把垃圾或排泄物掩埋起來。
當敵人發現這些東西，就能推算出我們所在位置和人數。
大便很臭，一定要埋得深一點！
我知道了。
偶而行軍時，也會有便意襲來。
儘管部隊行軍時，通常每隔1～2個小時會休息1次，但肚子出狀況，是不看時間的。
記得有一次，日本義勇軍全部得了桿菌性痢疾，那次經驗有夠嗆的。
不好意思，我要上大號。
我也是。
加一。
這是今天第幾次了！
前輩，我的肚子有點怪怪的。
部隊不可能為你停下腳步，而且這裡離前線很近，單獨行動相當危險。
所以你只能一邊走，一邊拉在褲子裡。
怎麼這樣！
給你一個建議，
戰鬥服褲子的褲管，不是紮在軍靴裡嗎？

為了讓大便能排到外面，我們要做一個通道！
這是傭兵步行過程中，一定要學會的技巧！
滾動
我可不想知道這種知識。
顫抖
撐不住了…快要拉出來了。
別急！給你拉屎的機會來啦！
在河裡？
渡河過程中，是絕佳的大便好時機！
只要拉下褲子，就可以直接在河裡排泄！
河水可以洗屁屁，又能帶走便便，簡直是一石二鳥！
咦？
漂浮
漂浮
好爽哦。
哇…
不是有告訴你，不要在我的上游位置大便！
廁所問題會因國家而異嗎？
會喔。
阿富汗著實讓我大吃一驚。
那是個基本上沒有廁所的國家喔……。
ずーん…
什麼？

阿富汗
那個，請問廁所在哪裡？
我找了好久都找不到。
扭來扭去
喏。
帶上它，去你喜歡的任何地方解放吧。
這是什麼？任何地方又是指…？
當時我作戰的地區位於鄉下。
那裡看不到廁所。
不只營區，連普通民宅內也沒有。
當地家庭的屋外，有一間用泥土搭建，叫「馬魯卡斯」的四方形建築。
起居的屋裡沒廁所，甚至沒有能用水的地方。
想上大號時，帶著水瓶到戶外的近山處或岩間的隱密處，就可以解放了。
結束後，用水瓶裡的水來洗手和清洗屁屁。
這樣一來，住家附近全是糞便耶。
不會發生這種事喔！
因為高溫加上乾燥，
幾天前留下的糞便已不見蹤影了。
所以2～3天後，糞便就會脫水，變成粉末，被風吹走。

阿富汗和日本文化差異真的很大。
大便很髒？
你在說什麼？
居然會這麼說！
你們說：「糞便會變回塵土。」
咻咻咻
換句話說，現在這陣風砂裡，幾乎都是便便耶。
你說得有道理！
我們完全被糞便給包圍了！哈哈哈！
糞便粉末現在正大量吹進你們的那張嘴裡！
但沒幾天，我完全適應文化之間的差異，及在戶外上廁所了。
起初，我還會使用衛生紙，但不久後我意識到這麼做很蠢，就放棄了。
想想也是，用水清洗比用衛生紙擦還乾淨。
看來當地人從以前開始，就使用「沖水式」馬桶。
這就是所謂的入境隨俗。
傭兵便便話題，還沒有結束，
下一篇繼續聊「戰地的廁所」！

9

戰壕裡的廁所

這個男人之前在法國外籍兵團第2外籍傘兵團服役。
這支部隊是法國外籍兵團中，最精銳的，成員都是優秀軍人。
那是發生在跳傘訓練時的事。
……
飛機艙門打開時，位於高空三千公尺的冷空氣包圍住我，一股不安瞬間襲來。
オ
ビョ
オオ
那天早上，剛好我的肚子又不太對勁。
咕嚕
咕嚕
至今的軍旅生活，讓你最難受的經驗是什麼？
結果跳傘過程中，因腹部受寒，在無法忍住的情況下，我拉在褲子裡。
NOOOOO!!!
噗
噗
噗
太令人難過了！
這次繼續來聊戰地的廁所！

說完阿富汗的廁所，這次來講緬甸旺卡基地的「戰壕廁所」吧。
那是什麼？
旺卡基地裡，有許多如蟻巢般的戰壕。
戰壕線
為了不被直接看到，這裡有一個轉角(廁所沒有門)
廁所
戰壕裡的廁所，設置在從戰壕另闢出一條岔路的底部。
戰壕裡的廁所，就是在地上挖大坑，然後在坑口放兩片木板。
由於細菌能分解排泄物，因此這個大坑不用清掃，也夠20～30人使用。
很深的坑洞
腳下的木板
但敵軍發動攻擊時，就會遇到問題。
雖然用來監視、與敵軍作戰的地堡上頭有牢固的天花板，但位於通道裡的廁所沒有。
因為作戰時，隨時有迫擊砲與飛彈打過來。
……
所以，這時候最好不要上廁所比較安全。
ズドーン!!ドーン!!
憋、憋不住啦。
要出來了。
敵軍發動攻勢時，有時從數日到一週，不論晝夜，持續砲擊基地。

攻擊好像稍微停下來。
趁這個時候，去上一下廁所！
旺卡基地著名場面
廁所衝鋒
廁所衝鋒是一種賭注——
糟糕！那些傢伙又開始攻擊了！
因為沒人知道停火會維持數小時還是僅幾分鐘。
大便時，我們只能光著屁股，祈禱停火時間能長一點。
我不想死在屎上，拜託飛彈不要打過來！
有不少發生在戰壕廁所的悲劇，舉例來說，曾有過這麼一回事——
我忍不住啦，就算會送命，我也要上廁所！
白痴！別衝動啊！
渾蛋上廁所前要敲門啊！雖然這裡的廁所沒門！
被搶先了！
沒想到除了我，還有人「把大便看得比生命還要重要」，看來…只剩下這條路了。
天啊…那傢伙竟想爬出戰壕！
他瘋了嗎？別這麼做，會死人的！

啊~好爽
咻——
咦？
所以我才說，別這麼做啊！
居然為了大便豁出性命！
匡！
!!
喂，還活著嗎？
有些炸彈的小碎片扎到肩膀裡
不要看啦~
沒、沒事，但別過來。
太好了，你沒事！
不要過來！
跌倒時坐到自己拉出來的排泄物
大悲劇！
啊哈哈哈！
可惡。
這傢伙運氣好，只受點皮肉傷。
大便哥，傷口還好嗎？
……
別讓弟兄擔心嘛，大便哥。
但在之後一段時間，他成為我們揶揄對象。

不過
越想越氣！
為何上個廁所，都要冒這麼大的風險？
我因為忍耐太久，結果便祕了。
看來是我們這些手指靈活的日本人出場的時候了！
借過一下！
你們在幹嘛？
日本人好像打算在地堡做什麼。
有天花板的個人廁所完成啦！
從今天起就算在作戰中，也能安心大號啦！
好耶。
然而，在我們因公外出一陣子，回基地後發現……
!?
廁所竟被封住了！
怎麼會這樣？
……
どよーん…
好不容易完成的廁所，為什麼不用呢？
拆下
嗚！

裡頭傳出這個世界不應該存在的惡臭！
ツーン!!
熱帶雨林高溫高溼
仔細想想，在沒有換氣設備，且空氣不易流通的地堡搭建廁所，並非明智之舉。
我們才明白，為何地堡裡的廁所不需要天花板。
我沒有進去看的勇氣。
把它重新封起來吧。
夢幻廁所就這樣永遠走進歷史。
當20年傭兵後，高部對廁所的看法，有沒有改變呢？
和其他人相比，或許我較不會害羞或不在意骯髒吧。
人不管如何精心打扮，大家都還是會大小便！
高部說這句話時，好帥喔！
小學生時，我會用樹幹戳便便，現在敢用手指戳。
噗呲！
撤回前言！

10

用錯助動詞，你就死定了

在傭兵用的英語中，「sitting duck」（一隻坐著的鴨子），意思是容易受到攻擊的目標。
Sitting duck
在慌張時胡亂射擊，反而讓敵人知道自己位置的新兵，
就是典型的鴨子。
ガガガガ
提問！「elephant poop」（大象的便便）在傭兵英語中，是指什麼？
答案是反坦克地雷。
據說這個用法，源自某個丹麥人。
另外，以人為攻擊目標的地雷則是「poop」（大便）
例）
Hey!
There's a poop!
Don't step on it!
那邊有地雷！
小心別踩到！
總之，這回的主題是，傭兵的英語教室！

傭兵英語第一條鐵則，名詞一定要加上「fuckin'」！
fuckin' gun fuckin' ass
fuckin' athletic field
fuckin'
這是傭兵英語裡基礎中的基礎。
果然從這個開始。
「遇到名詞一定要加上」，那出現頻率很高耶。
傭兵對話時，約10秒會出現1次。
太精準了吧…。
這個字的語感，和日文的※クソ很像嗎？
fuckin'
ファッキン
在軍中，fuckin'用的很頻繁、隨興。
因為傭兵裡，很多人和我一樣，母語並非英語。
所以和難懂的英語俗話相比，fuckin'可說朗朗上口。
原來如此。
fuckin
其實英、美士兵用的詞彙更不堪入耳，
某方面來看，傭兵用的英語，意外的中規中矩。
波士尼亞克羅埃西亞軍司令部
在前陣子的作戰，傭兵部隊表現很不錯。
請繼續維持下去，加油。
是這樣說的嗎？
說到fuckin'，有一件令我難忘的往事。
謝謝誇獎！
fuckin' Commander Sir！
(去你的司令官)

※譯註：クソ在日文中，原義是糞便，一般被用來當成髒話，類似英文的Shit。

※飛行員和航空交通管制人員等，會使用到的專門英語術語。

※匈牙利、波蘭、捷克位於東歐。

經過一番討論，我們的結論是，讓大家搞懂所有助動詞是不可能的！
隊長
①must
「They must be enemy」是敵人。
②should
「They should be enemy」很有可能是敵人。
③may
「They may be enemy」或許是敵人。
④could
「They could be enemy」應該不是敵人。
今後戰鬥，只能使用這4個助動詞！
然而這種「言論控制」，也帶來副作用。
嗯，may be…？
捷克人↓
由於太專注選擇助動詞，反而讓東方陣營很難好好說話。
不對，應該是……
快點說啦！
而且母語是英語的同袍會無視規定，使用其他助動詞，讓部隊再次陷入混亂。
They would be…
It Will be…
結果，「限定助動詞計畫」以失敗告終。
部隊又進行多次討論。
如果用數字來表達可能性，不知道效果怎樣？
例如「They may be enemy」就說「50% enemy」
這樣可能會和敵軍數量搞混喔。
最後大家決定，用顏色來做區分。
①「must」幾乎就是…紅色
②「should」可能性很高…黃色
③「may」百分之五十…藍色
④「could」可能性很低…綠色
Enemy Red！確定是敵人！
Tank Bule！有一半的機率是坦克。
Trap Yellow！高機率是陷阱。
或許有些人覺得好笑，但當時大家很認真的解決這個問題。
在戰場上溝通失誤，可能直接導致有人死亡，所以絕不能輕忽。

高部當傭兵時，哪些英語讓你留下深刻印象？
其實不少耶，例如「I've got your back.」（你的背後有我在），或「Commander First」（指揮官該身先士卒）。
但最具傭兵特色的，應該還是這句話——
那天，有同袍犧牲了，夜裡當我們在酒吧喝酒時，醉醺醺的法國人無意間說……
Death is fuck, but life is shit.（死了很糟糕，但活著也不容易。）
當時氣氛很像電影中，演員會說出「我們要連那個傢伙的份，一起活下去」。
對傭兵來說，死亡只是日常生活的一部分。
「死去的你所去的地方，和我們現在待的地方，其實沒有太大差別。我們遲早會過去，直到那天為止，請你稍等一下吧。」
這是我所詮釋最符合傭兵會對已故戰友所說的悼詞。
……
這次的對談好有收穫啊。
來複習英文助動詞吧。

11

沒什麼好說的日子就是好日子

「Scout」意思是斥候、偵查。
不論是作戰或制定計畫，都需要了解現狀。
能否準確偵查正確的敵軍資訊，是左右戰局的重要關鍵。
這天，我們部隊要在波士尼亞紛爭地帶前線，執行偵察任務。
很多人認為，偵查是小兵才會做的事，但事實正好相反。
偵查隊伍根本是明星隊伍陣容。
負責偵查的部隊，由分散在各隊伍裡的最優秀士兵集結而成。

這次成員有9人。
每個人國籍雖不同，
但都是在戰場上馳騁過的好漢。
我會入選，是因為有在阿富汗和緬甸作戰經驗。
高部（日本）部隊裡唯一的亞洲人，特色是長得帥。
費里茲（德國）頭腦靈活、有膽識，隊長。
麥克（美國）小隊長，畢業於士官學校的前美軍官。
羅伯特（加拿大）在法國外籍兵團服役10年後轉戰非洲。
托馬斯（德國）擁有高超的射擊技巧是小隊裡的射手。
史提夫（英國）出身法國外籍兵團，指揮能力優秀。
比約恩（丹麥）步兵支援武器、陷阱和地雷的專家。
尼可拉（法國）RPG的彈藥手，部隊裡最猛的硬漢。
梅哲（匈牙利）出身裝甲部隊，熟稔車輛的駕駛和保養。
另外，「迷彩」是執行偵查任務前，一定要做的事。
只要用市面上販售的迷彩塗料即可，若塗料用完，可用軟木塞代替。
軟木塞用火烤過，能充當黑筆使用。
因為要偵查地在我方勢力範圍外，我們不會知道敵人躲在哪。
執行任務時嚴禁發出聲音。
所有指示都靠手勢傳達，行進時要小心別發出聲音。
前進
地雷
慢慢來。

周圍有東西在動嗎？
有敵人留下的腳印嗎？
ピリッ
ピリ
有沒有聽見什麼聲音？
是否發現不自然枯萎的植物？
每個人都想在第一時間發現敵人，
因為只要稍微晚一步，大家的小命可能不保。
太緊張了，導致喉嚨好乾。
野戰口糧裡有含維生素的糖果。
中午過後，我們抵達某個小聚落，這裡是此次任務中，最重要的地方。
不久前，塞爾維亞軍以此為據點，但據情報，他們撤離此處，回到後方了。
這次任務，就是要確認情報真偽。
微風輕拂
這裡不像最前線。
很難想像在這個寧靜的聚落會發生戰鬥。
噗咻！
費里茲！
Shit！有狙擊手！

媽的！
費里茲，還好嗎？
狙擊手
狙擊槍
「狙擊手兩人一組」是任何國家軍隊的標準。
但在塞爾維亞軍，狙擊手大都會加入一名機槍手，也就是三人一組，這一點很讓人討厭。
機槍手
機槍
步槍
觀測手
切，機槍手也很難纏。
哇哇哇
是機槍。
如果只有狙擊槍和步槍，較容易確認敵人的位置。
機槍能阻止我們前進，
狙擊手和觀測手就能先溜了。
但多一把機槍，要拿下敵人的難度就變高了。
比約恩，費里茲交給你。
高部，RPG！
OK，尼可拉，到後面吧。
我們先往後退，然後往右移動一段距離。
約300公尺處
機槍手應該在那棟建築。
可惡，牆壁真礙事。
老天保佑！
咖擖

沒中！
打到建築物旁邊的牆壁
噠噠噠！
Fuck！
RPG會被戲稱自殺兵器，
是因一旦沒打中，敵人會立刻發現我們。
尼可拉，第二發！
等一下！
撤退？開什麼玩笑，費里茲中彈欸！
本來想說這句話，但還是忍下來了。
喂，發出撤退命令了！
忍住
偵查的目的不是戰鬥，
而且這裡是敵軍勢力，若不點離開，可能會被圍剿。
反正都裝好了，
打完這一發再撤吧！
原來你和我想的一樣。
不囉嗦，說幹就幹！
太好啦！
擊中目標！
但敵人也已移動了。
先別管這些了，快逃！
咻咻

之後大家回到事前決定好的集合地點。
費里茲，傷勢如何？
子彈劃過而已，雖然流一點血，但沒事。
高部的RPG又沒打中目標，對吧？哈哈。
竟然還能嘲笑我，看來是真的沒問題！
呵呵。
就這樣撤退了？
我們回程走另一條路，在太陽下山前，回到基地。
沒打倒敵人就回去，總覺得……。
但我們已達到目的，而且夥伴只受了輕傷。
這個結果，不算差喔。
是哦。
這種沒什麼好說的日子，對傭兵才是「最好的一天」。
？
？
當天到基地時，弟兄已幫我們準備好晚餐了。
麵包和香腸
熱奶茶
這杯加糖奶茶有多美味——沒經歷過我這樣的體驗，是嚐不出來的。
嗯……。
今天也安全的活下來了。

12

戰鬥營訓練

從查普利納基地後方走半天，會抵達一座廢村。
終於到了。
嗯。
我們稱其為「戰鬥營」，並在這裡做各種訓練。
這裡做的訓練是用來提升團隊的戰鬥能力。
不管是久經沙場的老兵還是新兵，
只要剛加入部隊，就得來這裡受訓，之後才能被上前線。
戰鬥營訓練（1）清潔房屋
3、2、1…
GO！
沒有異常！
去下個地方！
部隊攻進村莊後，會徹底確認每一間房子。

噗咻——
確認完畢！
高部死了！你沒注意閣樓有敵人。
!!
小隊長（裁判）
砰！
我們會像這樣在戰鬥營裡使用真的房屋，進行有真實感的訓練。
等一下，剛剛的「砰」是什麼？
是口鐵砲。（用嘴巴發出射擊聲音）
感覺好遜！
不用空包彈嗎？
空包彈其實很危險。
不只發出巨大聲響，還會噴散塑膠碎片，
用空包彈射擊雜誌，子彈會射進約1公分，書也會被打爛。
如果射到眼睛，會失明吧。
近距離不要使用比較安全。
而且空包彈不是免費的。
像小孩子在玩遊戲。
日本自衛隊的口鐵砲雖經常被揶揄，但我相信其他國家也是這麼做的。

戰鬥營訓練（2）
伏擊、反伏擊訓練
伏擊，是指「埋伏攻擊」。
訓練時，會把部隊分成兩組，一組做伏擊，另一組做反伏擊。
負責伏擊的小組會先設置「殺戮地帶」（Kill Zone）
機槍
步槍
殺戮地帶
機槍
殺戮地帶的兩端會配置火力強大的機槍，
當敵人進入這裡，要盡可能殲滅他們。
反伏擊訓練的重點對象是位於殺戮地帶前後的士兵。
活下來的士兵要協助受傷的人；以及繞到敵人側面，對其進行攻擊。
要反擊，只能登上那座小丘，由上往下攻擊！
出發囉…咦？
我中彈了～
我也中彈了！
振作一點！
我也是～
經過一天的訓練，還要扛著槍枝跑上小丘，真的很累人，
所以，偶爾會有人故意裝死。
說個祕密，裝死的以法國人居多。

※最近出現一種雷射裝置「BATRA」，有助於做判定。

戰鬥營訓練（3）守備／攻擊對抗賽
在這個訓練，可以使用「1分鐘復活規則」。
裁判
You killed!
【死亡宣告】
……
【倒數】
1分鐘到了
【復活】
爬起來
但因只有2人擔任裁判，所以混戰時，他們會※無法掌握全局。
復——活！
有人就根據自身判斷來復活。
但只要有人這麼做…
復活！
復活！
喂，不要來亂！
攻擊隊伍
復活！
← 守備隊伍
砰！
砰！
砰！
怎樣都打不完。
到最後總會發生口角。
沒打到。
沒打到。
同樣的事發生數次後，大家都覺得很無聊，於是我們策劃一場「遭遇戰」。
兩支部隊以後山為戰場，假裝在野外狹路相逢。
好像很有趣，結果呢？
因為後山太大了，結果走了一整天，都沒有遇見彼此。
沒人。
人到底在哪？
沒看到人耶。
傭兵是傻子嗎？

戰鬥營訓練（4）
戰鬥足球
話題回到後方基地
傭兵在每天早上都會做體能鍛鍊。但到了週六，會加入遊戲元素。
例如，大家一起踢足球。
只有最初幾分鐘，大家會好好踢球。
喂！不能用手啦！
過了一陣子，不擅長踢球的人開始不耐煩，抓起球便跑起來了。
在普通球賽，裁判一定會制止，但在這裡，這是踢球一定會上演的戲碼。
足球賽在不知不覺間，變成橄欖球賽。
不過我們沒人在乎得分和隊伍。
嗚喔喔！
大家追著手上有球的人，並試圖擊倒他，思考陷入停滯，只有身體在動。
別跑！
殺了你！
嗚啊！
看我的！
之前打過橄欖球

到了最後，大家不管球在哪裡，開始大亂鬥，接著球場上出現3座由人堆成的小山。
有人使用投技、固技或固定關節……
有時我會想，不如一開始就來玩角力。
哼，我才不要加入。
這群原始人
有時隊裡會出現這種冷眼旁觀的人。
但若不加入亂鬥，隊長會生氣。
咚
你這麼冷靜，這樣說得過去嗎？你算老幾啊？
這種性格古怪的傢伙，通常是法國人。
你和法國人有過節嗎？
這種野蠻的遊戲，大概會進行1小時，到點後週六的訓練就結束了。
過程中難免有人受傷，但遊戲結束後，
沒人會記仇。
戰鬥足球對我們來說，是放鬆的時刻。
從提高團隊合作的角度來看，則是重要的訓練。
好像有人對高部很有意見喔。
明明只是在玩，你卻對我擒抱，是啥意思？
……

13

沒掌握到的關鍵一秒

二〇二二年7月8日上午11時31分發生一起震驚日本的事件。
咦？
騙人的吧？
……
前日本首相安倍晉三遇刺。
這回我們以傭兵的角度，分析安倍前首相槍擊遇刺事件。
沒想到像日本這樣的國家，也會發生這種事。
果然是警備出問題嗎？

※Security Police，駐衛警察，其主要工作是保護特定財產和人員。

我認為最大的問題是「對槍枝沒有任何警戒」。
怎麼說？
美國警察進行安保時，首先考慮的，一定是如何預防槍擊。
但日本警察的預防順序，卻是徒手攻擊、投擲、鈍器、刀劍……最後才是槍枝。
※SP距離安倍數公尺。
這是為了預防暴徒企圖接近前首相時，能即時做出反應。
前首相
也就是說，其目的在於，不要讓敵人接近被保護者。
但嫌犯是從防護欄外開槍射擊的。
這樣的配置等於沒用吧？
確實是派不上用場。
要是一開始就預設可能有槍擊，或許高機率能避免這場悲劇。
負責保安的人數足夠嗎？
警視廳專屬SP一位，縣警派出十多人，單從人數來看，應該夠。
SP的主要工作是保護受保護者，抓犯人是其次。
但安倍受槍擊時，SP跑去抓犯人，而非到安倍身旁查看。
難不成是缺乏訓練？
與擁有很多VIP等級警衛的東京和大阪相比，奈良警察在經驗上，確實較不足。
這是長年接受警察訓練的警官會做出的本能反應。

採取什麼行動才正確呢？
射第1發子彈到第2發子彈約有3秒，當時只有1名SP跑到安倍前面保護。
其實，這只能算做對一半。
咦？
是那個拿防彈公事包的人對吧，他真勇敢！
在聽見第一聲槍響時，應立刻揪著安倍趴在地上才對。
在防衛出現空檔的狀態下，讓安倍中第2槍，只能說是警察失職。
安倍中彈後，旁邊人的應對措施，和原本的行為規範相去甚遠。
他們竟在現場就替安倍做心肺復甦，怎麼看都很奇怪。
考慮到嫌犯可能不只一個，且附近或許有爆炸物，此時應該立刻開車載安倍離開現場。
嫌犯好像是前海上自衛隊隊員，所以他才會自製手槍吧？
軍隊只教拆解與組裝槍枝，而非製作方法。
只在自衛隊裡待3年的人，不可能成為槍枝專家。
嫌犯在軍中時，最多只射過40～50發子彈。
這和到夏威夷參加射擊體驗的觀光客，並沒有什麼兩樣。
兩者的差異，有如組裝鋼彈模型和製造真的鋼彈。
啊……。
原來如此。

※高部在克倫軍工作時，曾做過類似武器開發的事（詳見上冊）。

說到聲音，現場其實不少人表示「沒有聽到槍響」。
「嘣！嘣！」…
槍射擊的聲音，不是很俐落嗎？
黑火藥爆發的聲音較低，比較像「通～」
或許這也是警察沒意識到發生槍擊，而沒能在第一時間做出反應的原因。
因為這種自製手槍絕對有可能被用在恐怖攻擊上，
所以SP在勤務上，必須掌握這點才行。
發生緊急事件時，SP最先做的不是確認原因，而是保護被保護的對象。
「沒聽見槍聲」，不能成為藉口。
看到這次事件SP的反應後，
我想起一件往事。
當時我和從緬甸回日本的戰友一起在街上散步。
街上好多人啊。
在舉辦祭典嗎？
行道樹
原來是煙火啊。
哈哈哈。

發射煙火的聲音和迫擊砲的聲音，一模一樣。
朋友立刻躲到行道樹下。
說不定我有創傷後壓力症了。
一名SP若沒有像這樣的反應能力，很難勝任這份工作。
假設他們針對碰到緊急狀況時，訓練如何做出反應，或許安倍就有救了。
我認為正是那幾秒鐘的應對，決定生死。
希望接下來不會出現模仿犯。
很遺憾的，這樣的風險始終存在。
或許國際恐怖分子，已認為日本是「容易動手的國家」。
如此一來，今後日本就算舉行國際會議，也沒人敢參加。
這次事件中，我也注意了現場一般人的反應。
從社群貼文可看到，在危險情況下，許多人竟然還在錄影。
對他們來說，沒必要確認到底發生什麼事。
Run
Hide
需要做的只有逃或躲起來。
日本社會和平，雖值得驕傲。但人們碰到危機時無法做出適當反應，很令人擔心。
希望這起事件能喚起大家的危機意識。

14

震驚世界的烏俄戰爭

FGM-148標槍飛彈，通稱Javelin，是美製的單兵攜帶式反戰車飛彈。
烏軍用該武器消滅多輛俄軍坦克。讓俄軍吃盡苦頭的同時，也突顯出烏軍的善戰以及FGM-148的厲害。
這種導彈能全自動導引！
也就是說，它會自動探測目標的位置，讓士兵能射完就逃！
這種武器哪裡厲害啊？
這種飛彈具備攻頂能力，會從戰車裝甲較薄的正上方攻擊！
進而幫助烏軍取得戰果。
「攻擊戰車的上方」，是戰場基本常識！
和我使用過無法直線飛行、命中率低的RPG-7相比，FGM-148簡直是夢幻武器！
如果我當傭兵時就能使用這種武器該有多好。
但這種飛彈一顆要價2千萬日圓，你有勇氣使用嗎？
接下來，高部將分享
他對這次俄國入侵烏克蘭的看法！
切爾諾貝爾
哈爾科夫
基輔
盧斯科
盧甘斯克
頓涅茨克
利沃夫
伊凡諾-法蘭科夫斯克
馬里烏波爾
赫爾松
黑海
克里米亞

●傭兵和義勇軍的差別？
戰爭爆發後，常聽到傭兵和義勇軍。
差在哪呢？
傭兵，是「被雇傭的士兵」，也就是說，傭兵參與戰爭是為了掙錢。
$
傭兵
義勇兵
義勇兵，為義理、人情和勇氣而戰，可說是志工。
高部算傭兵還是義勇軍？
因為有拿薪水，所以才自稱前傭兵對吧？
是有薪水啦，不過少得可憐，心情比較像義勇軍。
……
●誰都可以當義勇軍嗎？
據說烏軍有約兩萬名來自世界各地的義勇軍。
想幫助弱者是人之常情，若能年輕10歲，或許我也會想到烏克蘭當義勇軍。
但我必須說，澤倫斯基總統在招募義勇軍時說的話不太恰當。
「為了保衛自由世界，歡迎沒有作戰經驗的人加入。」
我在緬甸和波士尼亞時，見過許多想成為傭兵，但完全無法派上用場的傢伙。
因此招募義勇軍時，條件加上「需有作戰經驗」比較妥當，
否則現場會很混亂。

日本的烏克蘭大使館，好像也在推特上，招募日本義勇軍。
在日ウクライナ大使館
@UKRinJPN
ゼレンスキー大統領は
ティアとしてウクライ
シア軍に対して戦いた
へ、新しく設置される
土防衛部隊外国人軍団
けた。お問い合わせは
大使館まで。
好像有七十多人響應。
我不太清楚這些人之後怎麼了，但就我所知，日本人想直接加入烏軍，其實滿難的。
真的想到烏克蘭幫忙的人，應該早就奔赴現場了。
總之，在我能確認的範圍內，有3位日本人已到當地了。
哇！
敘利亞傭兵很強嗎？
俄軍好像在招募敘利亞傭兵加入。
敘利亞傭兵很強喔。
敘利亞城市和歐洲相似，所以他們能在自己的國家裡累積作戰經驗。
巷戰是特殊的作戰形式。
ガガガガ
街道上有許多可藏身的地方，視野非常不好。
ドーン!!
舉例來說，野戰是二次元，巷戰卻是三次元。
部分建築物有分樓層，所以有時在同棟建築裡，敵我分別在不同樓層。
一支部隊是否能妥善利用巷戰，會大幅影響戰局發展。
敘利亞傭兵若加入俄羅斯，對烏克蘭來說絕非好消息。
烏克蘭真不容易啊。

為何有平民在戰爭中喪生？
這次戰爭，很多平民犧牲。
許多人認為這已構成戰爭罪。
每當我看到這種悲慘的新聞時，
只要逃跑，就能活下去了！
——心裡都會這麼想。
有些人因家裡有老人或病人，所以逃不了…
說走就走，也沒那麼容易。
你們沒說錯，但我認為，非戰鬥人員只要不逃難，就是不對。
我在阿富汗、緬甸和波士尼亞，看過太多相同的情形了。
只要戰爭爆發，誰也阻止不了，一般人只能逃。
或許只有像高部這樣的人，才有這種感想。
俄羅斯軍隊士氣低迷？
據說俄軍的士氣相當低迷，為什麼呢？
雖然原因可能很多，但我認為應該和補給有關！
只要補給到位，軍心士氣不會簡單就潰散。
補給
反之若補給出問題，前線士兵會開始疑神疑鬼。
補給線會不會在哪裡斷了？
若是這樣，我們會被敵人從後方包抄。
我們被拋棄了嗎？
不僅軍糧和彈藥無法送到士兵手上，連帶產生的情緒，會侵蝕其戰意。
補給好重要！
どよーん

●俄軍內部是否陷入混亂？
新聞說，俄軍新兵沒做過軍事訓練，就被丟到前線了。
我也有「到了現場，才發現和之前說的不同」的經驗。
之前聽說敵人數量是1個小隊。
這哪是小隊啦！
戰鬥開始後才發現對方是1個「中」隊最後只能逃跑了。
新聞還報導「俄軍軍官被自家戰車輾過去」。
我當傭兵時也發生過這種事，
這個俄軍軍官或許是因無能，所以被部下暗算。
若被自己人殺害時，只要加害者意圖不明顯，那麼事件通常會被當作意外來處理。
戰車和裝甲車倒車時幾乎看不到後面，所以藉此殺人，並稱是事故，就可以免責。
但最近開始裝後照鏡，就算想這麼做，也沒藉口了。
碎念
碎念
假裝沒聽見好了。
●跟至今的戰爭有何不同？
這次的烏俄戰爭，媒體做了大量的報導。
以前媒體有這麼關心這類事嗎？
當然沒有像這次這麼誇張。
日本對於其他地方的戰事，通常是「隔岸觀火」。
這次的戰爭，和以往的有什麼不同？

戰爭本身沒什麼變，
只差在智慧型手機和社群網站的普及，
彷彿有無數個攝影師在戰場上。
可以隨時把戰場上最真實的照片或影像，與世上的其他人分享。
原來這是進入SNS時代之後第一場戰爭啊。
過去，戰爭一直被日本視為「別人的家務事」，
未來某天，有可能會像這次烏俄戰爭，再次捲土重來。大家必須提高警覺。
……
高部認識亞速營成員？
對了，我曾被※亞速營挖角喔。
真的嗎？
那是發生在二〇一四年的事，現在的亞速營，我不是很了解。
要不要來亞速營？這個標誌很帥吧！
A30B
這傢伙還是老樣子啊。
不了，我快50歲，
這種事情比較適合年輕人。
真掃興，我還想和高部在一起戰鬥呢。
這麼說來，高部本來可能被牽扯進這次的戰爭裡？
沒有啦
我都忘了，這個笑呵呵的人，曾當過傭兵。

※原為民間人士自發組成，於二〇一四年正式併入烏克蘭國民警衛隊。

15

反抗俄羅斯，瓦格納的叛亂

二〇二三年6月23日，俄羅斯的民間軍事公司瓦格納麾下的部隊，突然往莫斯科發進。
瓦格納的部隊曾一度瀕臨莫斯科城下，但被白俄總統盧卡申科説服後撤兵。
事後，瓦格納領袖普里格津流亡白俄羅斯，整起事件看似暫時解決了。
這就是「瓦格納集團叛變」。
瓦格納在想什麼呢？
這種毫無章法的叛變，怎麼可能會成功？
發動戰爭，造成國民死亡，俄政府受到各界抨擊。
但民間軍事公司的士兵就算戰死沙場，也不會被算在傷亡人數裡，
普丁在敘利亞和非洲等地，利用瓦格納幹了很多事。
Putin
瓦格納原本是不會出現在臺前的機構，卻在這次戰爭中，成為世人注目的焦點。
或許他們因此「自我膨脹」。
瓦格納也從中，獲得豐厚的報酬。
感覺水很深。

什麼是民間軍事公司？
民間軍事公司其實算是一種人力派遣公司。
咦？
民間軍事公司（PMC）
Private Military Company
PMC不只徵募軍人。
電腦操作員、維修技師、工人、教練、司機……都是招募對象，
職種以戰場上所需要的為主。
原來PMC是為了戰爭的需要而存在的公司。
雇用PMC士兵有什麼優點？
最大好處是可以減少人事費用。
雇主不用自己招募、訓練和補償等，
和正規軍相比，
雇用PMC比找士兵便宜多了。
因是簽短期契約，有需要時才使用，事後也不用處理麻煩事。
雇主只要說，想在何時用到五百位有3年以上實戰經驗的步兵，PMC馬上能找到。
方便多了！
雇主是誰？
除了國家，還有反政府軍、武裝勢力等。
只要付錢，PMC就能幫雇主做任何事嗎？
要看公司的經營方針。
一些中小型PMC，據說會私下把人派到發動恐怖攻擊的組織。
好可怕。

※2007年，黑水公司的戰鬥人員在伊拉克屠殺了17名平民。

哪些國家的PMC較多？
我朋友曾接觸英國傑富仕和美國黑水國際，
這兩間都是全球最大型PMC公司。
G4S
BLACKWATER
黑水國際是因※槍擊案，被新聞報導過的公司嗎？
對，這間公司目前更名為Academi。
這個業界有許多奇怪的公司，若要應徵，找大公司會比較有保障。
PMC的薪資待遇
薪水最好的時期，是二〇〇〇年，發生伊拉克戰爭時，
我在波士尼亞，月薪不到3萬日幣。換成是伊拉克，日薪5～10萬日圓。
有沒有能力超強的人，靠困難任務賺高額報酬？
部分擁有特種部隊經驗的人，確實能勝任一些較困難的任務。
10萬日圓？
例如潛入俄國內，進行破壞工作，
或在澤倫斯基到前線時，當貼身護衛等。
感覺薪水很高耶！
現在烏俄在打仗，
雙方都投入大量PMC，那麼戰鬥人員的薪水應該提高不少囉？
PMC從何時開始出現？
我在一九九〇年代初，初次聽到PMC。當時我人在克倫軍裡。
南非好像成立民間的軍事機構耶。
沒想到，戰爭也能成為生意。

※The Wild Geese是於1978年上映的英國電影，被譽為是傭兵電影史上的傑作。

※私自參加外國的戰鬥行動會被判刑，但若自首則可免除刑罰。

※在這之前，高部在克倫族叢林中發生滑落事故，而弄傷腳。

芭達雅小型賽車場
怎麼來玩卡丁車？
他是來休假的，就配合他吧。
「如果踩著油門不放，時速可達一百公里」，請注意自身安全。
好可怕，發生意外搞不好會死人耶！
你們快跟上來！
前面是髮夾彎！
快踩剎車！
嗚啊啊啊！
就說要小心嘛！
喂！還好嗎？
Everything Is Under Control（一切在控制之中）…
看來他不是樂觀，而是傻…！
和他一起行動，肯定會出大事！
最後我以「小組長是笨蛋」為由，和PMC失之交臂。
Everything Is…總感覺好像在哪聽過。

16

軍事迷參戰，差點毀了支援

年齡31歲。
從軍經歷？
在陸上自衛隊第1空降團服役。
喔……。
通過空降突擊訓練，是陸上自衛隊菁英。
離開自衛隊後，我到國外工作，累積經驗。
曾在菲律賓警察軍的偵察部隊待過3年。
看來可以用。
嗯。
這次要談的是把日本義勇軍，甚至將整個克倫軍都拖下水，
D所引起的超級麻煩事。
我是D，來到這裡，
是想為克倫族而戰，請多多指教。

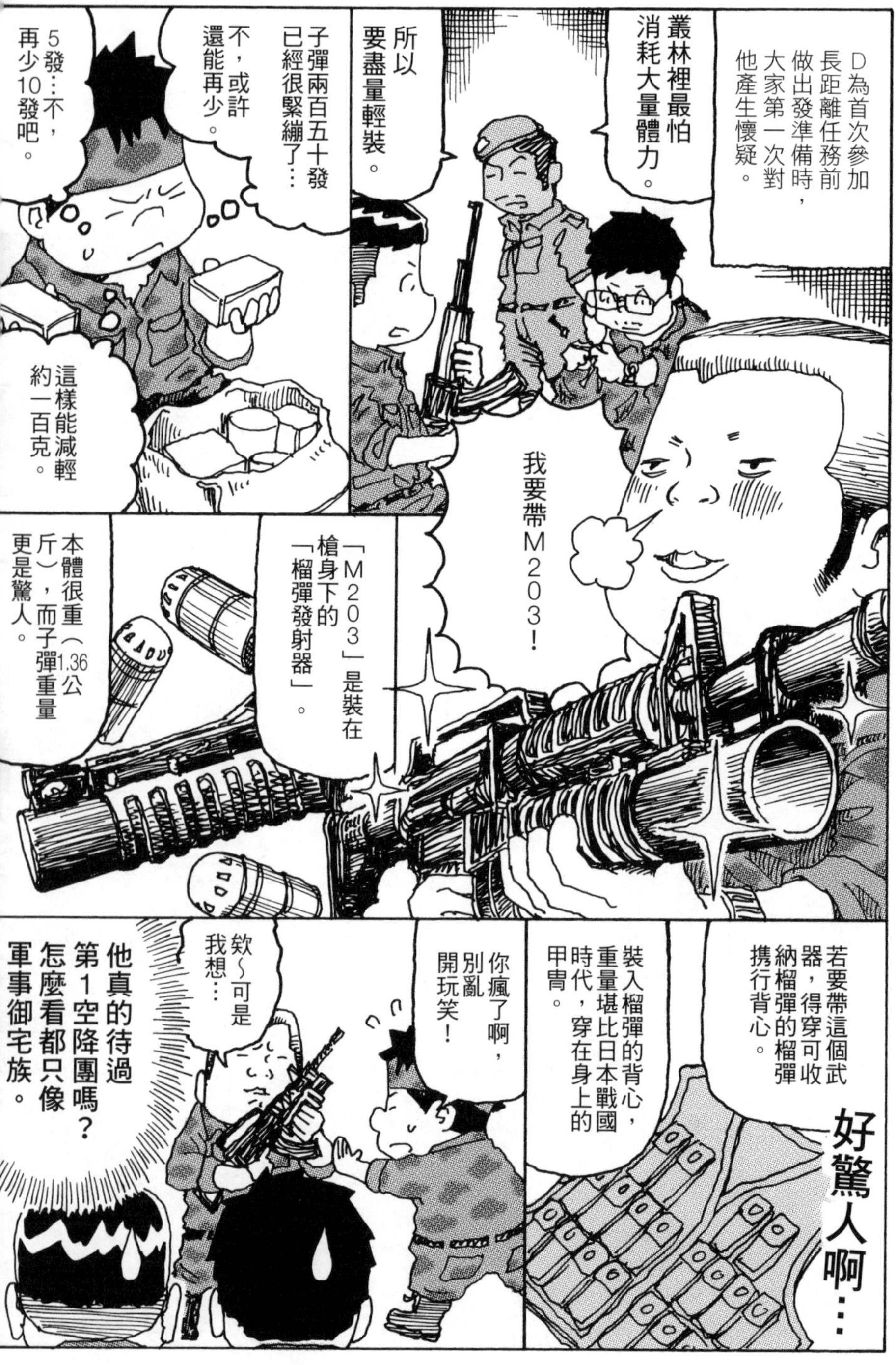
D為首次參加長距離任務前做出發準備時，大家第一次對他產生懷疑。
叢林裡最怕消耗大量體力。
所以要盡量輕裝。
子彈兩百五十發已經很緊繃了…
不，或許還能再少。
5發…不，再少10發吧。
這樣能減輕約一百克。
我要帶M203！
「M203」是裝在槍身下的「榴彈發射器」。
本體很重（1.36公斤），而子彈重量更是驚人。
若要帶這個武器，得穿可收納榴彈的榴彈攜行背心。
好驚人啊…
裝入榴彈的背心，重量堪比日本戰國時代，穿在身上的甲冑。
你瘋了啊，別亂開玩笑！
欸~可是我想…
他真的待過第1空降團嗎？怎麼看都只像軍事御宅族。

為了摸清D的底細，於是我們設局測試他。
能在這裡和同樣出身第1空降團的同袍說話，真高興啊！
A是貨真價實的前第1空降團隊員。
欸…你待過啊？
高部還記得空降教育隊教練山田嗎？
想加入第1空降團，一定得先在空降教育隊中接受降落傘訓練。
野營中
緊張！
當然，他超嚴格耶！
我原想成為飛行員，所以在同一支部隊接受過訓練。
D應該也知道山田教練吧？
啥？啊…對啊…他很嚴格…。
當…當然，我經常被他教訓。
果然在說謊！
教育隊裡，確實有山田這個人，但川口是我們胡謅的。
還有超機車的川口助教，
我被他賞過好幾個巴掌，D被打過嗎？
由此可確定，D就是假貨。
題外話，後來某天，某位來克倫軍採訪的日本記者，帶著一本雜誌來我們這裡。
為了民族解放孤獨奮戰的男人！
僕の墓に墓碑銘はいらない
靠…這不是D嘛！

※AK的命中率低及射程不遠，完全不適合用來做狙擊。

※原文為泳がせていた，意思是游泳，引申涵意是，表面不限制某人行動，但私下監視

我們很早就發現D根本沒料了，
看著他拙劣的演技，內心不斷在嘲笑他，
※沒把他當一回事，卻讓我們立刻就後悔了。
ちゃぷん
ちゃぷん
糟糕了！
前幾天，D跑到泰國…
不帶D去前線，或許讓他受不了吧。
反正他走了對我們沒影響啊。
但他還帶走一顆手榴彈，
上頭的人現在非常生氣！
靠！他該不會想帶著手榴彈通過國境吧？
那傢伙的腦袋有問題嗎？
把手榴彈帶進泰國，很嚴重嗎？
有兩個理由。
一是克倫族與泰國關係。
克倫軍因有泰國持續援助，所以才能和緬甸政府作戰。
話雖如此，表面上泰國也不想和緬甸政府撕破臉。

如果D帶著手榴彈進入泰國，並在那裡搞事，
兩國之間微妙的平衡會被破壞，泰國可能因此減少對克倫軍的支援。
與緬甸敵對的風險
支援克倫軍的好處
若出事的話，會影響克倫軍全體。
二是，從二戰起至今，日本人與克倫族的關係。
留在當地的日本老兵
吉井先生
蝴蝶蝴蝶
蝴蝶♪
蝴蝶♪
在克倫軍的軍官階層中，有不少人會說日語。
「長崎蝴蝶姑娘」
且二戰結束後，有些日本老兵選擇留在當地為克倫族的獨立奮鬥。
因為有這層關係在，所以克倫族人善待日本義勇兵。
然而這種關係，卻可能被一個白痴打破，變成「不能相信日本人」。
拜託了！請讓我們把D抓回來！
日本人幹的蠢事由日本人收拾！
祝你們任務成功！
YES SIR！
「抓D小隊」正式開始行動
我們是否能順利抓到D，並回收手榴彈？請待下回分曉！

17

別跑，給你點顏色瞧瞧！

【前期提要】D偽造經歷，以日本義勇軍的身分加入克倫軍。
D未經許可，帶走一顆手榴彈，震驚了司令部。
我們覺得自己有責任，所以組成抓D小隊，要把他揪出來。
然而，D沒出現在泰緬邊境的湄索。
為了逮住他，我們乘坐夜行巴士，大老遠跑到曼谷去。
小隊的目標只有一個，就是徹底解決這件事。
說得更明確一點，我們要**親手殺掉**D。
殺、殺掉
不是比喻，而是來真的嗎？

當然不是真的殺人啦…
但對我們來說，的確得預防未來有其他日本人，帶給克倫族人麻煩。
那你們說的「殺」，
我！
我要幹掉你！
和不良少年吵架時，說的「幹掉你們」，認真程度應該不同吧？
戰場就是我們的職場，在這裡想要殺人，真的很容易。
別一臉正經說這種事，很可怕耶！
除了對「這個渾蛋害我們增加工作」的憤怒，
HOTEL
自掏腰包跑到離基地五百公里遠的曼谷，花一週在城市裡走到腳斷掉，只為了找出D，
也讓我們情緒糟到極點。
若一個不小心，我們或許真的會成為殺人犯。
不知道該說幸還是不幸…
找到那傢伙後，一定要幹爆他！
沒錯，不留活口！
你們晚了一步，那位大哥昨天回日本了。
媽的！
也就是說，那傢伙要帶著手榴彈回日本？
他到底有多蠢？
這次的抓捕任務，以失敗告終。

朝夕新聞
手榴弾持ち込み男(31)
成田空港で現行犯逮捕
我們擔心，會在某天日本報紙上看到他被逮捕的新聞，但還好沒有發生。
話說，日本的機場安全系統，有可能沒發現手榴彈嗎？
不可能吧？
日本海關應該沒那麼扯。
關於這件事情，部隊裡有位上司，發現了一個有意思的觀察點。
到底怎麼做，才能把手榴彈帶進日本呢？我想或許有特殊方法。
在與政府軍鏖戰數十年，克倫軍正陷入慢性彈藥不足。
因此，這位上司認為有方法可騙過日本海關，不是奇怪的事。
ゴォォォォ
以前我曾受克倫軍司令部之託，帶無線電機回日本。
ずしーーっ
和大家說一件奇聞妙事，之前我認識某位強者，他曾在裝固體燃料的罐子裡塞塑性炸藥，帶回自己國家。
當時的X光還是舊式的，檢測不出來。
但現在就沒辦法這麼做了。
簡直太亂來了～
就算被海關盤問，只要不斷強調裡頭是裝固體燃料，就能順利通關。
為什麼帶塑性炸藥回國？這是祕密，不告訴你。
塑性炸藥點火後，只會燃燒，不會爆炸。
SOLID FUE

有人知道D住日本哪裡嗎？
只知道他老家在北海道。
看來只能放棄了。
有夠不爽。
發展至此，因沒有節外生枝，所以克倫軍也暫時不管。
就這樣過了半年，
某天，我們收到一個消息：「D出現在湄索」。
湄索的某間旅館
叩叩
誰啊……
ガチャ
嗚嗚……。
にた——っ
!?
等、等一下……
嗚啊！
バタン!!
ドタン!!

你知道自己到底幹了什麼好事嗎？
我哪知道事情會這麼嚴重？
那顆手榴彈在哪？不要裝傻，我們知道是你帶走的！
我把手榴彈帶到曼谷後，因不知道如何處理，就把它丟進運河裡了。
我以為手榴彈幾百顆，只拿走一顆，應該沒關係。
對不起啦！我錯了！
這傢伙完全沒有危機意識。
他根本不知道若發生什麼事，後果會有多嚴重。
D應該覺得，把手榴彈帶回去，可以向其他人炫耀。但他居然沒覺得良心不安。
唉～
看到D的臉，不知為何突然氣消了。
不准再來這裡，如果讓我看見你，我一定會
殺了你！
沒問題！
克倫軍司令部
整件事的結果大概是這樣。
辛苦了！還好沒發生什麼事。
切…那傢伙沒把手榴彈帶回日本啊。
……
說完了。
D應該有記取教訓吧。
他沒有。

那次事件後，大概過了10年，我從某位曼谷的駐外人員口中，聽到一件事。
之前我在曼谷蘇坤蔚路的酒吧，遇到有人自稱是前自衛隊飛行員。
當時我非常慌張。
因為有鳥被吸進飛機，導致飛機的進氣口裡，引擎突然熄火。
由於當時飛機的高度不夠，沒時間再次發動引擎，
還以為要完了…
還好最後總算安全的降落在跑道上，撿回一命！
他的名字是不是叫D？
你們認識？這世界真小～
D完全不知悔改，又來到泰國了。
人生中，
總會碰到幾次這樣的事。
他說的這起事故，其實是我的後輩實際碰到的事，
他把聽來的故事，當成自己的經歷，到處講給其他人聽。
狗改不了吃屎！
行為令人迷惑的D，今晚肯定又在某間酒館，吹噓和自己無關的經歷吧。
怎麼了？

18

遺骨歸還家人

走、走吧……！
嗯。
這是位於泰緬邊境湄索的某間寺院。
二戰結束後，克倫族開始漫長而持續的民族獨立戰爭。
然而，一九九五年，對他們來說，卻是充滿苦難的一年。
因為位在馬納普洛的克倫民族聯盟總部被緬甸政府軍攻破——
政府軍下個目標是，作為抵抗運動象徵的旺卡基地。
CHECK POIN
SPECIAL (101) BAT

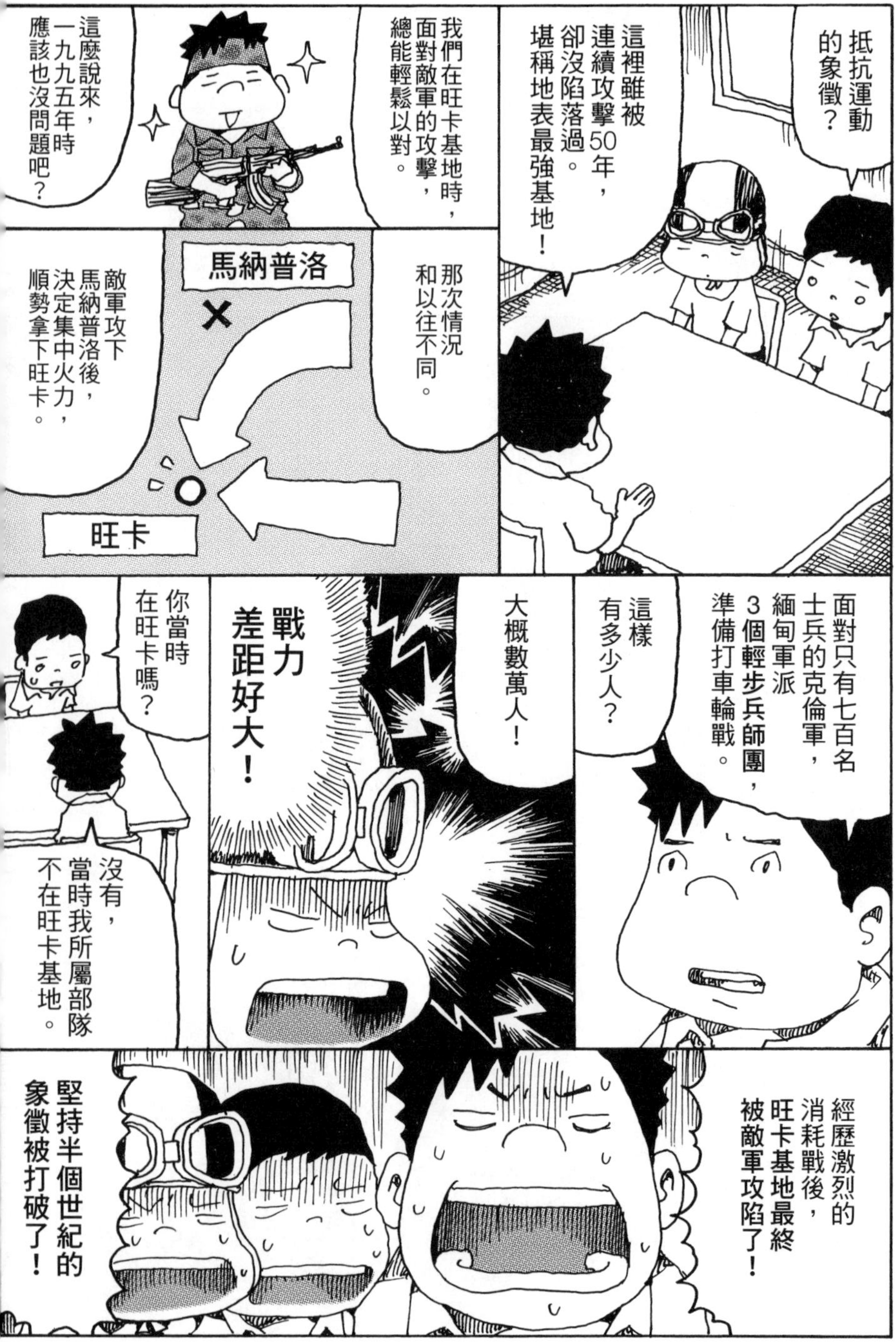

抵抗運動的象徵？
這裡雖被連續攻擊50年，卻沒陷落過。堪稱地表最強基地！
我們在旺卡基地時，面對敵軍的攻擊，總能輕鬆以對。
這麼說來，一九九五年時應該也沒問題吧？
那次情況和以往不同。
馬納普洛
旺卡
敵軍攻下馬納普洛後，決定集中火力，順勢拿下旺卡。
面對只有七百名士兵的克倫軍，緬甸軍派3個輕步兵師團，準備打車輪戰。
這樣有多少人？
大概數萬人！
戰力差距好大！
你當時在旺卡嗎？
沒有，當時我所屬部隊不在旺卡基地。
經歷激烈的消耗戰後，旺卡基地最終被敵軍攻陷了！
堅持半個世紀的象徵被打破了！

旺卡基地戰場上，有位日本人戰鬥到最後一刻。
他叫今田，是我們的弟兄。
當時的狀況，我們根本無法悼念他，更別提穿越包圍，把他的遺體帶出來。
今田的遺體暫時埋在基地某處。
今田陣亡幾天後，旺卡基地正式淪陷。
遺體就這樣，被留在敵軍占領地裡。
我們連掃墓都沒辦法…今田太可憐了。
但我軍要奪回旺卡，也是痴人說夢啊。
這時，還能拜託神佛。
雙手合十
南無～
還有這招！
這位是努大師。
您好！
兩位是日本人吧？今天來這裡，有什麼事？
原來如此，確實令人難過。
讓我和認識的緬甸僧侶商量，有沒有解決的辦法。
太感謝您了！

其實我們不是第一次找佛教僧侶幫忙解決事情。
之前說的清理屍體，
我們會把變成白骨的遺體和遺物，一併交還給敵方。
有衣服或徽章之類的東西
雖然軍人和軍人之間，沒有私人恩怨，
但我們也不可能直接把這些東西拿到敵軍面前。
此時，佛寺就成為連接點了。
緬甸是的虔信佛教國度。
透過和尚交還遺體和遺物，不會被拒絕。
這是用來齋僧的供品。
有水果、鮮花和罐頭
我們要去寺院時，會帶一大堆供品。
之後過了1年、2年，當我們準備要放棄時，大師突然找我們過去。
今天要說一個好消息，
透過緬甸僧侶的幫忙，你們有2個小時，進到旺卡基地裡，
只是挖出故人遺體並帶走，也是被允許的。
怕有什麼萬一，這次我會同行，
相信在僧侶面前，他們不會造次。
太好了！

但過去時，不能帶任何武器，軍人也不能跟過去。
另外，我們沒讓緬甸軍方知道遺體身分是今田先生，
溝通時，只說那是「克倫族人的遺體」。
為什麼這麼說呢？
這是避免被政治利用。
什麼意思？
外國人的遺體相當有利用價值。
再加上，今田一直以出身陸上自衛隊第1空降團為榮，所以把象徵空降團的徽章別在戰鬥服上。
這麼一來，就更坐實「這是日本人的遺體」。
對方對外的說法，可能會破壞克倫軍的形象。
克倫軍攢錢雇用傭兵。
把恐怖分子帶進國內。
原來如此。
緬甸政府軍要是知道這件事，就不會把他的遺體交出去。
也就是說，我們不能參與啊。
去拜託那個人，總會有辦法的。
知道了，交給我。
放心吧，我不會節外生枝。
不好意思，麻煩您處理這麼棘手的事。
今田曾是我的部屬，我會盡一切努力的。
艾子雷上校
（高部所屬部隊的隊長）
上校～我們願意一輩子追隨您！

當天，依照上校的指示，從附近的村里，找來許多克倫族人幫忙。
但因不熟悉基地內部環境的人，不會知道遺體埋在哪。
所以實際上，這群人中，有2位當時在旺卡基地作戰的人。
不愧是上校，做事好可靠！
在僧侶的誦經聲中，挖掘工作正式展開。
今田的遺體，據説已經化為白骨了。
遺體交給當地的日本使館人員，並完成相關手續後，就會搭飛機送回日本。
我依然記得最後在旺卡基地遇到今田時，他的樣子。
雖然他身材消瘦、衣服破爛，
但是…
「唉，我實在差他太多了」
至今為止，只有今田能讓我體會到這種失敗的感覺。

19

與當地難民一起生活

某天，我和同袍搭船，離開熟悉的旺卡基地。
我們要前往馬納普洛，那裡是特殊破壞工作部隊的據點。
ドoooo
和今田一起前往新的地方報到，總覺得不太習慣⋯。
初次見面時，我不知道能不能和他處得好⋯。
ドッ
1年前，我第一次接觸今田。
一九九〇年11月我和西岡透過某的介紹，到曼谷迎接想加入克倫軍的日本人。
他是今田，是出身陸上自衛隊第1空降團的菁英。
你也打聲招呼吧。

…你們好。
態度親切一點啦，我們可是跑了大老遠來接你耶！
ムスッ
你老家在青森？
對。
我在習志野接受空降訓練。
嗯。
要不要一起喝一杯啊？
不了，謝謝。
這傢伙完全不想打好關係嘛！
……
第一印象真是糟透了。
他話少、安靜，說難聽一點，就是不討人喜。
只穿黑色T恤搭配軍綠色褲子。
但相處久了，我發現他其實內心充滿熱情。
敵人在某天深夜發動攻擊，當時今田在休息…。
敵軍襲擊才過了1分半就趕到現場。
對不起，我來晚了！
ぜーぜー
根本是來早了！
你從戰壕跑過來的？身上沾一堆泥…。
他很有日本東北人那種異於常人的忍耐力。
我從未聽過從他說過洩氣話。
你一定是得了痢疾啦！
從剛才開始，幾乎每5分鐘就跑一次樹叢。
沒問題的
晃動
晃動
一直冒冷汗耶…怎麼看都快不行了。
沒問題！

雖然和今田溝通不順利，但他絕對是靠得住的夥伴。
ドドドド
因此，共事一年後，我才會邀他加入新部隊。
特殊破壞工作部隊的主要工作，是破壞位於敵軍陣地後方的橋樑和軍事設施。
該部隊負責的任務每天充滿刺激與挑戰，做起來相當有意義，今田加入後，也深有同感。
然而，今田加入部隊剛滿1年時……
我決定回旺卡。
認真的？
說一下原因吧。
隨便你啦，高興就好！
感謝你的照顧。
這傢伙不會說出心裡話……。
不好意思，我下定決心了。
切…本以為你把我們當兄弟，現在又回到原來的樣子了。
今田沒做任何解釋，就回旺卡基地了。
之後，我們也沒機會碰到他。

1年後
旺卡基地
莫特士官長你好。
我今天找好久不見的今田。
我帶你過去。
我們離開基地進入泰國領地……士官長到底要帶我去哪？
這裡。
這裡是…霍依庫羅吧？
難民營霍依庫羅（音譯）
此處是在緬甸受迫害的克倫族，逃出國家後居住的地方。
有人來看你喔
克倫軍裡有不少人來自這個難民營，
莫特士官長的家也在這裡的一角。
今田……！
身上有股酸臭味。
頭髮亂糟糟
克倫族民族服飾「籠基」。
你該不會也住在這裡吧？
用竹子簡單搭建、到處是空隙的家，
炎熱空氣裡混著臭味，起風時會捲起滿天沙塵，
飲用水不乾淨，缺乏有營養的食物。
霍依庫羅就是這樣的地方。

就算我們習慣了山上生活，難民營的生活也是挺難受的。
就算我說，他肯定很難適應那裡的生活，也沒用。
我…想成為這裡的人。
意思是…不回日本嗎？
也就是說，他離開我們後，就一直住那裡。
在難民營生活，遇到敵人來襲時，就立刻趕回旺卡基地。
在這一年裡，今田就這樣生活。
嗯，我把護照也扔了。
扔了？
我不是不能理解他的心情。
我們雖和克倫族並肩作戰，但終究是外國人，
我認為今田一定是想跨越這層隔閡。
但我沒想到，他竟然丟掉護照。
我們只要想到貧困和危險可以隨時結束，就有動力繼續作戰，
但他卻自斷這條後路。
JAPAN PASSPORT
面對眼前下定決心的男人，我實在無話可說。
原來你是為了這個目的，才回旺卡基地……
…好，我不會多說什麼。
如果有什麼事，可以隨時連絡我。

這個筆記本是？
沙子粗糙…
寫的全是日語和克倫族的語言耶。
只有兩張榻榻米大的空間，是今田的居所。
我啊…
將來的夢想是編一本克倫族語字典。
今田的克倫語進步很快。
成為克倫族與日本的橋梁…
只會說零碎單字的我和西岡，被他狠狠甩開幾條街。
原來這是你在思考的事。
他的行動不求任何回報。
我每次找他，他全身的資產不到五百日圓…
所以我總是強迫他收下一些錢。
這是我唯一能為他做的事。
今田選擇的生存之道，對現代多數人而言，絕對是最艱難的一種。
……
我至今依然認為，「世上有這樣的男人存在，也挺好的」。
我和今田見面時，他曾說，
我死後，骨灰想撒在莫艾河裡。
我聽了之後，只能沉默的點頭回應他。
旺卡的最後一仗，已倒數計時。今田很快的迎來這天——。

20

與克倫族共同命運

一九九五年1月
我和西岡從遭到攻陷的馬納普洛返回旺卡基地。
這種令人窒息的臭味…
好懷念啊。
你們回來啦？
今田！
現在回旺卡，可能會有一陣子出不去喔。
有心理準備嗎？
今田在難民營裡和克倫族人一起生活，
每當敵軍發動攻擊時，會立刻趕回旺卡基地參加戰鬥。
你看起來比之前更有氣勢耶。
雖然消瘦不少，但魄力增加3倍。
……
依然不愛說話啊…。
喂，給點反應吧！

砲火集中攻擊，真可怕啊。
ドドドド!!
看來他們這次是真的下定決心要拿下這裡。
別擔心，那些傢伙只有這種攻擊模式而已。
……!
4年前
別擔心，那些傢伙只有這種攻擊模式而已。
剛離開日本到這裡
了…了解。
…已經不知道誰是前輩了。
和過去不同，他現在全身散發著自信。
難民營的生活和旺卡基地的戰鬥，改變了他…。
我們為了抵抗敵人發動總攻擊才回來的，但他們只不斷的砲擊。
看來真正的戰鬥還要再等等…。
或許吧。
就在這時，長官艾薩克要我們返回原部隊。
我們回部隊為奪回馬納普洛做準備，過一陣子再回來。
你有什麼想要的東西嗎？
這個嗎…
沒有耶。
好哦…
本以為我們很快就會再見面——

但僅過10天，就傳來兩個令我們難以相信的消息。
旺卡淪陷？
今田戰死？
旺卡基地經歷一場血腥的激戰。
可惡！敵人打也打不完啊！
這傢伙不行了，你來頂一下！
今田，你的傷勢不輕，快退下去休息！
沒問題，我還能戰鬥⋯。
!!
怎麼了？
隔壁的地堡被手榴彈攻擊！
媽的！

可以的…
繼續作戰…
我還可以…
咚——
克倫軍情報部
無後座力砲的砲彈擊中防禦較薄的那側，
地堡一瞬間就崩塌了。
隔天，我們挖出今田的遺體時，
上半身已不成人形了。

很遺憾。
今田本來有很多次，可以活下去的機會…
大隊長告訴今田數次，他可以逃到泰國。
因為他是外國人。
……
「因為是外國人」，
今田為了成為克倫族一份子，連護照都丟了。
當然不會獨自逃走。
今田過世後，旺卡基地就像失去力量般，不一會兒就陷落了。
得年25歲。
有個男人與這個曾有無數克倫族士兵浴血奮戰，
和長達50年沒有被攻破的傳奇基地一起長眠。
今田過世後，我突然想起有關他的一則往事…
曼谷有一間我們經常造訪的日本料理店。據說某天，他突然到那家店。
曼谷？
他走進去後沒點餐，只是安靜的坐在某個角落。
有人問他想要什麼，他只是低著頭，什麼也沒說。

老闆娘於心不忍，於是請他吃一頓。
一番交談後，才知道，今田身上別說旅館費了，連搭公車回去的錢也沒有。
最後是老闆娘給他回程車費。今田向老闆娘道謝後，
默默的走出店家，再也沒有光顧過。
該不會他有想做的事…？
我到現在仍不知道他到底在想什麼，或許他走進那家店，是為了一解思鄉之情。
會不會是「想以克倫族身分活下去」的信念產生動搖？
如果真是如此，我會為自己沒即時察覺到此事而很難過。
…但在那之後，今田表現的極為果斷。
最終他的選擇是
斬斷對日本的思念，重新返回戰場，
要為所愛的克倫族，奮戰到最後一刻。
今田戰死後，克倫族為他取一個充滿感情的綽號──「耶提姆」（音譯），
在克倫語裡的意思是「純粹」。
他的靈魂長眠於莫艾河畔的「自由戰士之碑」下。
自由戰士之墓

21

砲彈也無法阻止咖啡館做生意

旺卡基地裡有一間我們經常光顧的店。
這是基地裡唯一一間雜貨店兼咖啡館，但我們習慣叫它「拉茶（Lahpet）店」。
老闆是一對約70歲的克倫族夫妻。
據說他們從結婚後，就經營這家店，所以店齡少說有30～40年了。
因為這對夫妻一路看著克倫族戰爭，有旺卡之主的氣勢。
婆婆早安，
我要兩杯咖啡和一杯拉茶。
好的。

拉茶是一種紅茶，呈現紅磚色。
喝的時候，先用熱水沖泡茶粉，接著加入大量煉乳。
一杯約3泰銖，以當時的匯率換算，約為15日圓。
玻璃製馬克杯
咖啡裡也會加煉乳。
待在基地裡時，沒事情做的話，是真的很閒。
碰到這種日子時，我們有時會一天之內，光顧拉茶店2～3次，喝著甜甜的飲料消磨時間。
店裡賣東西
女性偶像寫真的月曆
乳頭有經過模糊處理
喜歡這種月曆的
克倫族挺可愛的。
甜點麵包
香菸&雪茄
泡麵
長時間待在前線作戰時，
大家都會帶泡麵過去。
可樂、雪碧
因為沒有冰箱，
所以是常溫。
鹽
口香糖、
巧克力、餅乾，
這幾樣東西
非常便宜。
娘嗚&娘歐提（皆音譯）
前者是克倫族獨特的調味料，
後者是把魚發酵後製成的魚醬。
味素
克倫族人
非常喜歡，
甚至會把味素
撒在飯上。
米
各式零嘴點心
一些會在柑仔店裡
看到的東西。
柱子是竹子做的
屋頂是鍍鋅的鋼板

兩位老闆人很好，
有一次還幫我的同袍N一個大忙。
湄索的巴士站
【雙排車】
由載貨卡車改裝而成的載客巴士
車子來了，
這班車會經過離旺卡很近的地方。
？
是拉茶店的伯伯。
你拿的是槍吧？
不能搭這臺車，要搭那臺才行喔。
這天，N打算把在黑市買到的槍帶回旺卡。
但若他搭第一臺車回基地，高機率會遭遇警察盤查。
伯伯說另一臺車因是走農用道路，所以途中不會遇到任何警察。
……
那條路因此成為想避開盤查的人會使用的祕密通道。
如果N被抓到，會怎麼樣？
非法持有槍支，刑期約是3到5年。
泰國監獄風評很差，說不定可能無法活著出來。
真的是幫大忙啊…。

拉茶店雖位在基地中離前線最遠的地方。
莫艾河
但因基地的全長只有2公里，所以在敵人的砲火能攻擊到的範圍。
前線
旺卡基地
店
根據砲彈的種類，落地時間也不同。
例如迫擊砲是對空發射，所以我們多少有準備的時間，
但面對無後座力砲，則必須在聽到發射聲音的當下，立即做出反應。
迫擊砲
無反動砲
他真是沒骨氣的傢伙。
婆婆，我要加點…
哈哈哈
欸？
ドカーン!!
哇！
這次距離很近耶。
店旁有一個專門給這對夫婦使用的戰壕
什麼時候移動的？
他們對砲彈的反射動作，比我們還要快。
這是在旺卡基地經營商店數十年鍛鍊出來的能力。

當然，不是每次都有好運。
太慘了…。
屋頂被迫擊砲直接命中。
好險老闆沒事。
來幫忙收拾吧。
看來有一陣子都喝不到晨間咖啡了…。
隔天
早啊，喝咖啡嗎？
咦？昨天才被炸，今天做生意…
因為沒有桌子，所以大家都站著。
戰壕裡備有庫存↓
不管是箭或砲彈射過來，都無法阻止拉茶店的營業。
其實之後發生的事件才真的恐怖。
拉茶店被炸不久，店附近出現了許多被吊死的野貓屍體…。
?
晃晃
搖搖
這是怎麼回事？

因為店被炸時，裝有娘嗚和娘歐提的瓶子也破了。
我們稱其為腐汁
這兩種魚醬的氣味相當可怕。
但山貓喜歡這種魚腥味！
喵
結果引來一堆山貓。
而山貓原本就是克倫族的狩獵對象。
因此僅過一個晚上，店的周圍就變成獵捕貓的獵場。
但他們竟用懸樑式陷阱來獵捕…。
怎麼這樣…。
之前提到旺卡基地被攻破，
老闆夫妻後來如何？
我不清楚。
這對夫妻都是山村裡的人。兩個孩子都曾在克倫軍裡當兵，最後都戰死沙場。
或許在旺卡基地陷落後，他們回到充滿與兒子回憶的故鄉。
美食App上絕對找不到這間店，
它提供的甜茶，其滋味一定刻在許多士兵們的心裡…。

22

我想重回戰場

我從戰場回到日本的頭幾天，是最幸福的時候。
和叢林裡可怕的食物相比，便利商店的便當有如米其林三星！
街上的女孩子，每個都超可愛！
日本很和平，不會有子彈或飛彈突然打過來。
…然而過了約1週，我逐漸厭惡這一切。
缺乏刺激。
太自由的生活，好無聊啊。
我意識到，自己心裡萌生這樣的想法——
這裡太無趣了…
我想回到戰場上。

其實不少傭兵在引退後，還會重操舊業。
因為在瀰漫著緊張氣息的戰地，才能感覺到活著。
這就是「Adrenaline Holic」（腎上腺素中毒），也可以說是戰爭中毒。
待在日本，24小時都能買到吃的喝的，
自來水和電也是用到爽。
沒有特別做什麼事，一天就這樣過去了。
沒有任何緊張感。
ちゃぷ〜ん…
總覺得哪裡怪怪的，
這不是我應該待的地方。
泡在熱水裡，自己似乎變得頹廢。
這樣的感覺越來越強烈。
舉例來說，就像曾在拉斯維加斯一攫千金的人，突然到電子遊樂場打彈珠臺。
電子遊樂場確實不刺激…
而且，我這樣待在日本，心裡會產生罪惡感。
我在日本過著舒適的生活時，戰地同袍正在作戰。
或許有人已經陣亡了。
這麼說是沒錯啦…。

想到這裡，我就會開始打工存錢。
過了1～2月，存了一筆小錢後再回戰場。
等我真的重回戰場，過了一陣子後，又開始想日本……。
這裡沒有女孩子，飯也不好吃。
運氣差一點，還可能瞬間丟掉小命。
我為什麼在這裡，好想回日本……。
傭兵回鍋率會這麼高，和他們引退後，無法習慣一般工作有關。
不少傭兵大半輩子都待在軍中，不了解外面的世界。
所以這種人在進入公司後，無法做好工作。
不少在戰場上叱吒風雲的人，被「弱到不行的一般人」騎在頭上時，
情緒當然會爆發。
緬甸
K寄來的信，寫了什麼？
老樣子，不斷在抱怨。
K是3個月前剛「引退」的日本義勇軍。
回國後，他雖在保全公司找到工作，但做得很不愉快。
「我覺得生活好無趣。感覺日本人只是為了吃飯而活著。工作閒得發慌……」
他應該快撐不下去了。
我們來刺激他吧。

K，感覺你回日本後過得不錯。
這裡跟和以前一樣，每天充滿刺激。上個月大家潛入敵方陣地，把橋炸飛了。
你不當傭兵是正確選擇，至少保住生命。
「希望你能在日本享受無趣的和平」這封信是怎樣？
高部你這渾蛋！
1個月後
我回來了♡
你是傻子啊。
明明決定金盆洗手了……。
我有過這種經驗，所以能理解K。真正決定要引退的人，是不會和我們聯絡的。
還會寫信給我們的人，遲早會回來。
要傭兵別幹這行，還挺難的。
其中甚至有我認為「絕對不會回來的傢伙」，都會重操舊業。
我厭倦戰爭，接下來想要錢和女人！
法國傭兵加百列在做出這樣的宣告後結束傭兵生活。
過了一陣子，加百列邀請我們到他的曼谷新家做客。
到了之後發現…
他的新家是有庭院的豪宅，且位在高級住宅區，
老婆是政府高官的女兒！
簡直是成功大翻身！

他轉行從事骨董生意，業績蒸蒸日上。
不久後，孩子也誕生了。
然而1年後，加百列竟拋妻棄子，重返戰場。
你不過就是傭兵！
我老婆認為自己是上流階級，所以有資格對我頤指氣使…
我受不了這種生活！
傭兵才是我的天職！
…那傢伙真的得到錢和女人了。
渾蛋！過太爽了！
看來他真的徹底告別傭兵了。
傻瓜…。
但回頭繼續當傭兵，應該有人後來受重傷或戰死？
他們都是老手，沒那麼容易陣亡。話雖如此，我有幾位傭兵朋友，確實是回來後才死的。
總感覺傭兵好像會互扯後腿。
就像「不容許只有你擁有幸福」。
沒這種事情。
我們不希望那些已融入一般社會的人回來。
會做的，只有在心裡對那些仍有留戀的人說「你的位置還在」。
傭兵比任何人都清楚，戰場是多麼辛苦，宛如地獄的地方。
要不要回來，決定權在自己手上。
我想沒有一個回鍋當傭兵的人，會把這個決定怪罪於他人。

高部對我們一直很客氣。
難道你不曾對像我們這種「弱到爆的傢伙」感到不耐煩嗎？
感謝你們的關照！
高部是不是曾想過，「真要動手，我隨時可以幹掉你們」呢？
ガクガク
幹掉你們，不用3分鐘
才沒有勒！
因我不斷重複「在日本打工，然後拿賺到的錢返回戰場」，所以很習慣切換心情了。
所以我經常被人說在戰場上和在日本，彷彿不同人。
OFF
ON
高部退休後到現在，習慣一般社會了嗎？
退下來後，我開始寫作，也曾到朋友經營的公司幫忙…
因此我不曾覺得融入社會很困難，或許這是我幸運的地方。
若當初你到一般公司就職，而且上司年紀比你小，個性討人厭，不知道會怎樣？
蛤？傭兵？你這是什麼經歷啊？
我應該會馬上給他顏色瞧瞧，然後立刻回到戰場。
還是別隨便招惹這個人比較好…。
王八蛋！

第4部結束啦！
大家都辛苦了！
感謝讀者看到這裡！
乾杯！
唉～
我的心情其實有點沉重。
第四部後話
西川
發生在烏克蘭的戰事，至今仍看不見解決的曙光。
現在又加上以色列和哈瑪斯的衝突…。
不知是否因上年紀，最近看到這類的報導，總覺得很難受。
加薩地區的死亡人數
已超過1萬人。
我發現，新聞的報導方式越來越不修飾。

這和智慧型手機與SNS普及有關。
但戰爭本身沒有任何改變。
不論過去或現在，世界各地依然爆發戰爭。
雖然能感覺到戰爭就在自己身邊，怎麼想都不是好時代。
但或許對這部漫畫銷量有幫助？
私心還是希望能多賣一點
怎麼可能呢。
我到現在還沒遇到，曾看過這部漫畫的人。
打起精神來
你們看，我都有買。
謝謝大叔這麼給我們面子！
一起喝一杯吧。
這場慶功宴就這樣到深夜——
おでん
哇哈哈哈

第四部後記／高部正樹

不知道大家是否喜歡第四部？

這次依然把重點放在介紹許多新聞和紀錄片裡不會報導，真實戰場中比較沒那麼緊張、刺激的一面。

例如，臭味和花粉症，這些在日本可能不算什麼大事，但在戰地卻是惱人的大問題；即使在戰事最激烈的前線，甜點依然能讓士兵們綻放笑容；至於清掃戰場，應該是第一次有人公開分享出來。另外，多國籍傭兵部隊必然會碰上的語言隔閡，也相當有意思。

前文提到的戰地廁所，其實是我的黑歷史，雖然有點不好意思，但既然本書標榜真實，那麼，這就是無法繞開的話題。

除了戰場上的事情外，第四部加入了震撼世界的時事內容，包括烏俄戰爭及安倍前首相暗殺事件。

希望大家閱讀時，不會覺得無聊同時感到樂趣。

本系列可以發行，都得感謝讀者的支持與鼓勵，在此獻上感謝之意。

最後，我也要感謝，看起來總是樂在作畫中的西川及本書責任編輯Y。

國家圖書館出版品預行編目（CIP）資料

我當傭兵的日子與戰爭實況（下）：真正要命的工作，為什麼我想做？怎麼活著領到薪水、回家？／高部正樹原案；西川拓漫畫；林巍翰譯．-- 初版．-- 臺北市：任性出版有限公司，2025.01
272 面；14.8×21 公分
譯自：日本人傭兵の危険でおかしい戦場暮らし：戦地に蔓延る戦慄の修羅場編、日本人傭兵の危険でおかしい戦場暮らし：戦時中の軍隊の真実編
ISBN 978-626-7505-30-4（平裝）

1. CST：陸防　2. CST：僱傭　3. CST：戰爭　4. CST：漫畫

599.3　113016196

我當傭兵的日子與戰爭實況（下）

真正要命的工作，為什麼我想做？怎麼活著領到薪水、回家？

漫　　畫／西川拓
原　　案／高部正樹
譯　　者／林巍翰
責任編輯／陳竑悳、林渝晴
校對編輯／張庭嘉
副總編輯／顏惠君
總 編 輯／吳依瑋
發 行 人／徐仲秋
會計部｜主辦會計／許鳳雪、助理／李秀娟
版權部｜經理／郝麗珍、主任／劉宗德
行銷業務部｜業務經理／留婉茹、專員／馬絮盈、助理／連玉
　　　　　行銷企劃／黃于晴、美術設計／林祐豐
行銷、業務與網路書店總監／林裕安
總 經 理／陳絜吾

出 版 者／任性出版有限公司
營運統籌／大是文化有限公司
　　　　臺北市 100 衡陽路 7 號 8 樓
　　　　編輯部電話：（02）23757911
　　　　購書相關資訊請洽：（02）23757911 分機 122
　　　　24 小時讀者服務傳真：（02）23756999
　　　　讀者服務 E-mail：dscsms28@gmail.com
　　　　郵政劃撥帳號：19983366　戶名：大是文化有限公司

香港發行／豐達出版發行有限公司
　　　　Rich Publishing & Distribution Ltd
　　　　香港柴灣永泰道 70 號柴灣工業城第 2 期 1805 室
　　　　Unit 1805, Ph.2, Chai Wan Ind City, 70 Wing Tai Rd, Chai Wan, Hong Kong
　　　　Tel：21726513　Fax：21724355
　　　　E-mail：cary@subseasy.com.hk

封面設計／孫永芳　內頁排版／邱介惠　印刷／韋懋實業有限公司
出版日期／2025 年 1 月初版
定　　價／新臺幣 390 元
I S B N／978-626-7505-30-4
電子書 ISBN／9786267505311（PDF）
　　　　　　9786267505328（EPUB）